写给大家的科学史

[英] 尼古拉·查尔顿（Nicola Chalton） [英] 梅瑞迪斯·麦克阿德（Meredith MacArdle）◎著 孙翱鹏◎译

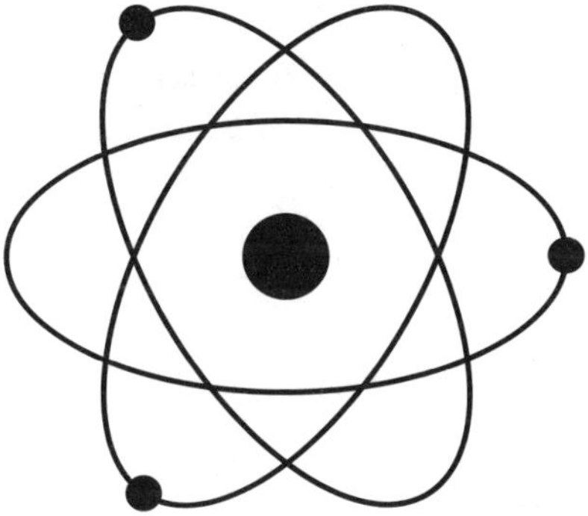

天津出版传媒集团
天津科学技术出版社

著作权合同登记：图字 02—2023—157 号

The History of Science in Bite-sized Chunks, by Nicola Chalton and Meredith MacArdle
This paperback edition first published in 2019
First published as The Great Scientists in Bite-sized Chunks in Great Britain in 2015 by Michael O'Mara Books Limited

图书在版编目（CIP）数据

写给大家的科学史 /（英）尼古拉·查尔顿，（英）梅瑞迪斯·麦克阿德著；孙翱鹏译 . -- 天津：天津科学技术出版社，2023.10

书名原文：The History of Science in Bite-sized Chunks

ISBN 978-7-5742-1555-9

Ⅰ . ①写… Ⅱ . ①尼… ②梅… ③孙… Ⅲ . ①科学史－世界－普及读物 Ⅳ . ① G3-49

中国国家版本馆 CIP 数据核字 (2023) 第 161829 号

写给大家的科学史
XIEGEI DAJIA DE KEXUESHI
责任编辑：马妍吉
出　　版：天津出版传媒集团
　　　　　天津科学技术出版社
地　　址：天津市西康路 35 号
邮政编码：300051
电　　话：（022）23332695
网　　址：www.tjkjcbs.com.cn
发　　行：新华书店经销
印　　刷：天津中印联印务有限公司

开本 880 × 1230　1/32　印张 8　字数 120 000
2023 年 10 月第 1 版第 1 次印刷
定价：58.00 元

致想要成为科学家的菲利克斯（Felix）。

前　言

如今，“科学”一词具有双重含义：既指对周遭客观世界探索的结果，又指探索客观世界的方式，即科学方法。科学有不同门类，其研究对象几乎涵盖了宇宙中的一切——从宇宙起源到粒子，从人体到岩石矿物，从闪电到X射线、放射性物质与引力这些不可见的力量。

当我们的祖先第一次仰望夜空，好奇这个世界从何而来时，或当他们第一次采集草药时，科学方法本身尚是一个新的概念。早期许多研究者只是就某样事物提出了自己的猜想，却没有想过以实验的方式证明自己的理论——这种方式不仅可以由他人重复验证，而且每次得到的结果都不会改变。今天，我们根本无法想象某位科学工作者提出了某项理论，却无法为该理论提供经过充分验证的证据的情景。某些学科，例如天文学，有时人们根本无法对它设计并完成实验，但人们对客观现象的认识和对事件的预测同样可用以证实或证伪某一猜想。

早期的科学研究方法基于经验，这种方式也有着不少拥趸，其中包括古希腊的哲人科学家、阿拉伯光学研究者海什木（Ibn al-Haythem）、中世纪时期英国修道士罗吉尔·培根（Roger Bacon）以及意大利天文学家伽利略·伽利雷（Galileo Galilei）。科学研究方法的最大变革出现于 17 世纪，那个时代最杰出的科学家之一是艾萨克·牛顿（Isaac Newton），他提出了自己的科学方法——“推理法则”（rules of reasoning）。这项法则既涉及科学观点，也涉及科学实验。很快，几乎所有科学研究者都自然而然地采用了他的方法。

绝大多数科学学科的研究者们都达成了一个共识：一个猜想经过验证之后就可以被视为科学“真理”，直到新的理论完全将这个猜想推翻，并构造出新的模式。新理念取代旧思想，科学就是这样一步步地发展、更新的。而数学却不属于这类学科，数学定理一旦被证实，则永远不会被推翻。实际上，虽然广义上数学与科学同为系统化、规范化的知识体系，但数学与自然科学的差异却相当大。自然科学研究物质世界，从实践中积累证据，修正并完善能描绘物质世界的各种模型。而数学通过证明去探求“必然真理”（necessary truths），也为自然科学提供了描述和分析世界的语言。所以从这一层面上看，数学与科学紧密相关。

科学也常常与技术密不可分。许多科学发现与科学成果都引发了技术变革：托马斯·爱迪生（Thomas Edison）以数百年来人们对电的研究成果为基础发明了电灯；先前人们对宇宙的研究成果为我们带来了历法、用于航天器的新型陶瓷及其他许多成果。从医疗技术到计算机、手机之类的生活必需品，人类生活的方方面面都与科学紧密相关。

当然，如果没有那些一心探求世界运行规律的、满怀热情的研究者，科学也不可能存在。这本书旨在向读者介绍历史中一些伟大的科学研究者，是他们塑造了今天人类对宇宙的认知。

目　录

CONTENTS

第一章

天文学与宇宙学：对宇宙的科学认知

从远古时代起，人类就试图通过观察除我们生活的世界之外的天体——太阳、月亮、恒星与行星——来理解宇宙。古巴比伦人与古埃及人意识到天文现象会重复出现，它们有着一定的运行周期。他们记录星辰的位置，预测日月食，以及彗星、月球、最亮的星体的运动轨迹。他们的记录成为天文导航发展和计时的基础。

古希腊人归纳、总结了先人数个世纪的观察记录，用神话中人物的名字为星群或星座命名，例如猎户座得名于猎人俄里翁（Orion），双子座（Gemini）则得名于孪生子卡斯托尔

（Castor）与波吕克斯（Pollux）。今天，在夜间进行天文导航时为辨别方位所参考的 88 个星座中，托勒密（Ptolemy）于公元 1 世纪就列出了其中 48 个。古罗马人为一部分行星取了名字：水星（Mercury）、金星（Venus）、火星（Mars）、木星（Jupiter）以及土星（Saturn）。这些行星反射了太阳光，因此成为天空中“明亮的星星”。

17 世纪，光学望远镜的发明永久改变了人们“以地球为中心”的宇宙观。不久，人们就清晰地意识到，宇宙比自己想象的要大得多。随着对太空的研究越发深入，天文学家发现，太阳系中不仅存在着两颗之前未被人们发现的行星（天王星与海王星），还存在着许多小行星、卫星、矮行星（如冥王星）、气体云、太空尘埃，甚至未知的星系。

如今的天文仪器有用于探测宇宙中遥远的天体辐射的星载望远镜和能带回有关其他行星数据的空间探测器。借助这些工具，天文学家对宇宙的了解将更为深入：宇宙是由何种物质、依靠何种力量构成的？恒星、行星与星系是如何演化的？宇宙的开端是怎样的？天文学家还发现，宇宙的一部分是由任何望远镜都侦测不到的物质构成的。事实证明，这种“暗物质”（dark matter）将成为天文学的一大谜团。

早期星表：甘德

中国古代的甘德（约公元前400年—约公元前340年）以及同时代的石申，被认为是历史上最早编制星表的、有名可考的天文学家。甘德生活在局势动荡的战国时期。木星是太阳系中体积最大的行星，其光芒明亮、肉眼可见，并且每隔12年就会横越天空一周。因此，当时木星既是计算年份的参照物，也成了人们观察和预测天文现象的焦点。彼时甘德与其同僚并没有望远镜，只能依靠肉眼进行观察，但他们依靠精确的计算，确定了观察天文现象的最佳时期。

甘德通过观察夜空，记录了1000余颗恒星的信息，并辨别出了至少100个中国星座。200年后，西方已知的首部星表出现，它由希腊天文学家希帕克斯（Hipparchus）编制而成。希帕克斯在星表中列出了约800颗恒星的信息，但仍不如甘德所编制的星表详尽。

根据记载基本上可以确定，甘德观测到了木星的4颗大卫星中的一颗。这是有史以来人类第一次观测到木星的卫星，此后，直到1610年，伽利略 · 伽利雷才用新发明的望远镜观测到它们。

石申与甘德也是第一批准确测量出1年的长度为$365\frac{1}{4}$日的天文学家。公元前46年，尤利乌斯 · 恺撒（Julius Caesar）雇用希腊天文学家索西琴尼（Sosigenes）修正罗马历法，提高其精确度，儒略历（Julian calendar）由此诞生，并在欧洲和北非沿用至1582年，才被格里高利历（Gregorian calendar）所代替，后者则一直沿用至今。

地心论的宇宙观：亚里士多德（Aristotle）

公元前4世纪，古希腊文明在地中海以东的众多殖民地之间传播，为西方文明踏入现代奠定了基础。

古希腊人认为地球处于宇宙的中心，而夜晚天空中的景象更加坚定了他们的信念——星星东升西落，好像正绕着地球运行。那时的人们之所以会有这种错觉，是因为地球沿着地轴自转；星星看上去东升西落，实际上只是因为地球自转的方向自西向东而已。

古希腊人将星辰分为两类：一类是“游星”(wandering stars)，即位置会变动的星辰；另一类则是与地球相对静止的“恒星”(fixed stars)，在天幕上固定不动，闪烁着光芒。游星包括太阳、月亮，以及太阳系中当时已知的5颗行星：水星、金星、火星、木星和土星。古希腊人认为宇宙是这样组成的：地球是一颗完美的球体（不像古代文明所认为的是一个平面），固定不动，居于宇宙或世界正中；天体——太阳和可见的行星——则环绕

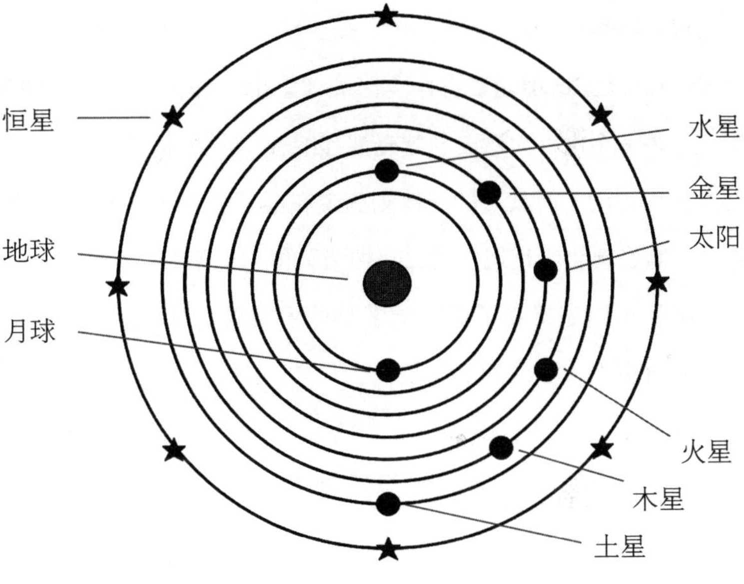

地心论宇宙模型是古希腊最先进的宇宙观。

地球做匀速圆周运动。“恒星”位于最外层的天球上。直到 19 世纪，天文学家才注意到这些距地球十分遥远的天体并非静止不动。

伟大的自然哲学家、科学家亚里士多德，则根据自己的想法对地心论进行了补充。他提出，地球与诸天体都由 5 种基本元素组成：4 种物质元素（土、水、火、风）与第 5 种元素“以太”（aether）。以太这种元素充斥在诸天体之中，形成一个个同心的球壳。每一个由以太形成的球壳都容纳着一颗天体，环绕地球做匀速圆周运动。而其余的星体则固定在最外层的球壳之上。4 种物质元素会诞生、衰退、消亡，但诸天体完美无缺、永恒不变。

阿拉伯国家接受了亚里士多德的宇宙观，并在中世纪将这一理论重新引入了欧洲基督教中。

亚里士多德（公元前 384 年—公元前 322 年）

亚里士多德是古希腊思想史上的一位巨人，他的思想对西方世界产生了长远的影响。他出生于马其顿（Macedonian）的一个医学世家，曾前往雅典在柏拉图（Plato）门下求学。

他离开雅典的原因较为复杂：可能是在柏拉图去世后，他未能成为学院的领导者；也可能是马其顿国王腓力二世（Philippe Ⅱ Auguste）发动了数场扩张战争，使他被所在地居民排斥。但在亚历山大大帝（Alexander the Great），腓力二世之子、亚里士多德的学生，征服希腊全境之后，他又在公元前 335 年左右回到了雅典。

亚里士多德在雅典建立了吕克昂学园（Lyceum），并继续深入研究当时已知的每一个学科领域。他在授课与辩论时，常常会一边漫步一边与他人讨论问题，因此亚里士多德学派也常常被称为“逍遥学派”（Peripatetics）。

在亚历山大大帝去世后，雅典人对马其顿人的排斥卷土重来，于是亚里士多德又离开了雅典。据说，他在离开时提到了 70 年前雅典人处死哲学家苏格拉底（Socrates）的旧事，说：“我是不会让雅典人亵渎哲学两次的。”

分点岁差：希帕克斯

亚历山大大帝的征服战争将古典希腊文化的种子播撒到了东方，启迪了像位于尼西亚（Nicaea，今属土耳其）的希帕克斯（约公元前 190 年—约公元前 120 年）这样的学者。

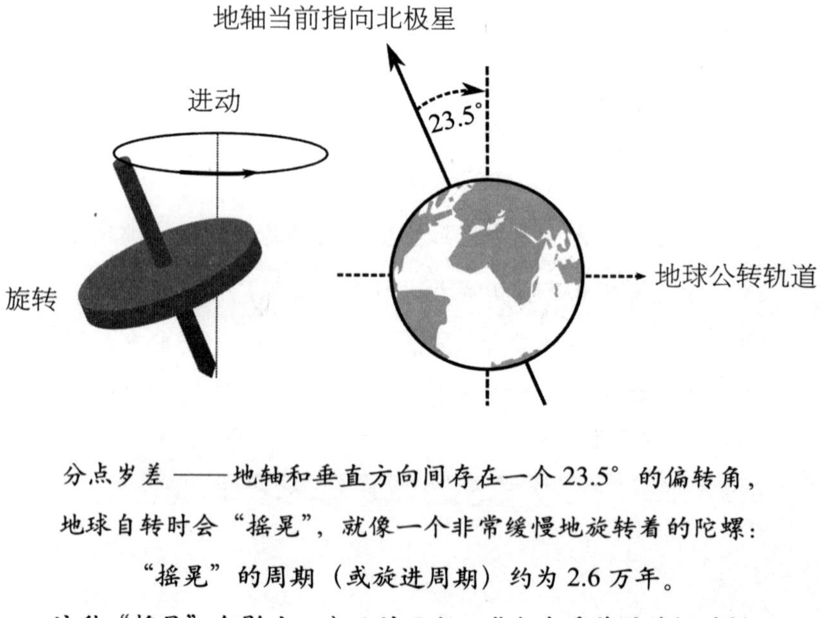

分点岁差——地轴和垂直方向间存在一个23.5°的偏转角，
地球自转时会“摇晃”，就像一个非常缓慢地旋转着的陀螺：
“摇晃”的周期（或旋进周期）约为2.6万年。
这种“摇晃”会影响二分日的日期，或各个季节的确切时间。

在编制星表时，希帕克斯注意到，星辰的位置与之前记录的有所出入，这意味着存在预测之外的系统误差。于是他得出结论：位置变动的不是星辰，而是地球本身。他察觉到，地球在绕地轴旋转时会“摇晃”，就像一个陀螺一样，一边旋转，一边慢慢地摇晃着，它的旋转轴在空中留下一道圆形的轨迹。地球如此“摇晃”一周耗时约 2.6 万年——希帕克斯计算出的这个数字相当准确。

他将这种“摇晃”命名为“分点岁差”（the precession of the equinoxes），因为它会使二分日（三月的春分和九月的秋分，当日全球昼夜等长）比参照“恒星”预测的稍早到来。

随着时间流逝，积累的误差会使季节到来的时间偏离传统天文历法预测的时间，因为原先人们是以测量太阳位置的方式来测定一年的长度的 [“恒星年”（sidereal year）]，即以某颗恒星为参照，从地球上观察太阳再次回到某一固定位置所需的时间（或者按照现在的说法，就是地球绕太阳公转一周所需的时间）。而希帕克斯提出了一个新的测定一年长度的概念，即“回归年”（tropical year），并解决了上述的问题。一个“回归年”是太阳表面上回归到同一个二分点所需的时间，它比恒星年略短约 20 分钟。回归年这一概念能确保每一年季节到来的时间不变，是现代所用的格里高利历的理论基础。

希帕克斯使用了古巴比伦人记录的数据，计算恒星年与回归年的长度，其结果准确度极高——事实上比近250年后的托勒密计算的结果要准确得多，这也表明希帕克斯的智慧远远超越了他所处时代的其他人。

数学宇宙：托勒密

托勒密生于公元1世纪末，是古希腊最后一位伟大的天文学家，他也接受了地心论，认为地球处在宇宙的正中心。他做出的贡献是：建立了首个以数学方法描述和预测太阳与诸行星的运动的宇宙模型。这个模型似乎解答了一个困扰了古希腊人近1400年之久的谜题：如果地球的确位于宇宙中心，行星也的确环绕着地球运行，那以天球上固定不动的"恒星"为参照，为什么有时会观察到行星向后运动呢？

托勒密虽然对地心论深信不疑，但为了给诸天体的运动以数学解释，他不得不暂时违背自己的信念，假定地球并不处于行星运行轨道的正中。他和他的拥护者从实用主义角度出发，很快就接受了这个假定。他们将这一位置命名为"偏心"（eccentric），并视其为地心说理论中一个待弥补的小瑕疵。

托勒密同时使用了3个几何概念建立模型：第一个是偏心，

第二个是“本轮”（epicycle），这两者都不是他首创的概念。本轮指行星并非直接沿大圆轨迹环绕着地球运行，而是沿小圆轨迹（本轮）运行，本轮又在一个更大的、以地球为焦点的偏心圆轨道[即“均轮”（deferent）]上运行。这也解释了“行星逆行”（retrograde motion）的现象（有时行星看上去像是向后运行）的成因。

他创造的第三个概念——偏心匀速点（equant）——则前所未有。托勒密以此来解释为什么从地球上观测时，行星的运行有时并非匀速，而是忽快忽慢。他提出，本轮的圆心在更大的圆周轨道，即均轮上运行，但并不与均轮的偏心或地球本身相对应，而是与二者之外的第三点——偏心匀速点——相对应。也只有在偏心匀速点上进行观测时，被观测行星看上去才是在做匀速运动。

托勒密创造的这3个数学概念——本轮、偏心与偏心匀速点——对纯粹主义者而言，既复杂又惹人生厌，但其较为合理地解释了天文学中某些困扰人们许久的难题，例如行星逆行现象，以及行星的亮度会多次上升并靠近地球的原因。这些概念使当时的天文学者得以预测行星的位置，得出的结果也与使用现代日心论宇宙观（即行星以椭圆轨道环绕太阳运行）的预测结果更接近。

托勒密的地心论模型先传入了中东地区，随后又传向了西欧。它被赋予了宗教意义，胆敢质疑它的学者则会被僵化的天

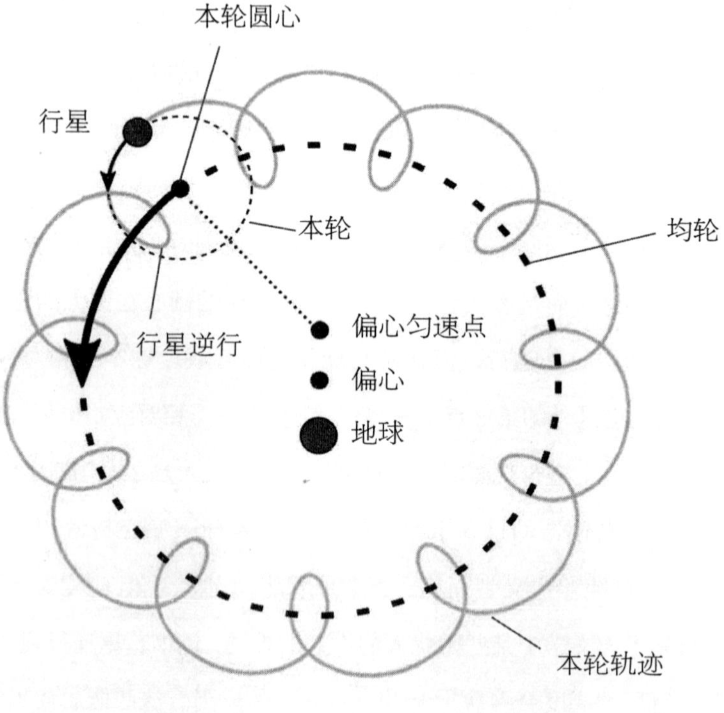

托勒密的地心论模型没有将地球置于行星运行轨道的正中心，
并较为合理地解释了行星逆行现象的成因。

主教会镇压处决。但到 1008 年，阿拉伯天文学者开始质疑托勒密的数据与思想的真实性。一个世纪之后真相大白：为了使数据与自己的理论吻合，托勒密篡改了其中的一部分。

托勒密（约公元 83 年—约公元 161 年）

托勒密出生于埃及，那里当时是罗马帝国的一个行省。他的姓氏“克劳狄乌斯”（Claudius）具有浓厚的罗马风格，但他的拉丁语名字“托勒麦乌斯”（Ptolemaeus）则暗示了他有希腊血统，而且他写作时用的也是希腊语。他把观测天象的地点选定在亚历山大港（Alexandria），因为那里有雄伟的亚历山大图书馆，在当时它吸引着各个学科的研究者。

在托勒密开始做研究之前，从希帕克斯开始算起，古希腊的天文学研究有整整 200 年的空白期。今天我们能知道希帕克斯的成就，全归功于托勒密的记载。托勒密是出色的整合者，他承认自己在解释宇宙运行的规律时参考了前人的理论。

阿拉伯的天文记录：巴塔尼（al-Battani）

中世纪初期，杰出的阿拉伯天文学家、数学家巴塔尼（约公元 858 年—公元 929 年）在预测行星运动这方面超越了托勒密。

巴塔尼的父亲是有名的天文学者，尤其擅长制作各种器械。而在巴塔尼生活的年代，穆斯林帝国支持人们进行学术研究，并且崇尚古希腊和古罗马的哲学与科学。穆斯林知识分子身处东西方交汇之处，吸收了来自中国与印度的亚洲文明思想，将其与自己的研究成果相结合，形成了独特的知识体系，并将它传到了欧洲。

巴塔尼制作了一套复杂的表格，记录太阳、月亮与诸行星的位置，并以此推算其未来的位置。他制作的“萨比恩星表”（Sabian Tables）记载了当时最精确的天文数据，这将深刻地影响拉丁世界。

巴塔尼没有效仿先前的天文学者用几何方法，而是使用了三角函数计算天文数据。他的计算结果准确度极为惊人：一个太阳年的长度为 365 日 5 小时 46 分 24 秒，与现代的计算结果——365 日 5 小时 48 分 45 秒——仅存在几分钟的差距。他还发现了一个托勒密学说无法解释的现象：地球与太阳的距离，以及地球与月亮的距离在一年之中并非永恒不变。他因此得以准确地预测日环食，即月亮遮蔽太阳的中心，在月缘形成金光闪烁的圆环所出现的时间。

巴塔尼的成就不容小觑，甚至在600年后，开创了一个时代的数学家、天文学家尼古拉·哥白尼（Nicolaus Copernicus）也必须承认这一点。

北极星导航：沈括

11世纪，船舶导航依赖标志物以及特定恒星，这些恒星中就包括北极星（North Star）。

北极星大致位于地轴的延长线上，如果你恰好站在北极点，那么北极星就在你头顶的正上方。因为地球会绕地轴自转，所以人们从北半球观察星空时就会产生一种错觉：群星都围绕着地球旋转，只有北极星岿然不动，始终指向北极，这也使其成为天文导航的绝佳参照物。同时人们也可以通过测量北极星在地平线上的高度，来确定当前所在地的纬度（南北向的坐标）。

从古代晚期开始，北极星一直指勾陈一（Polaris），但受分点岁差的影响，即地球绕地轴自转时会“摇晃”，到公元3000年前后，仙王座γ（Gamma Cephei）将成为新的“北极星”；到约公元15 000年，织女星（Vega）将会成为“北极星”；而勾

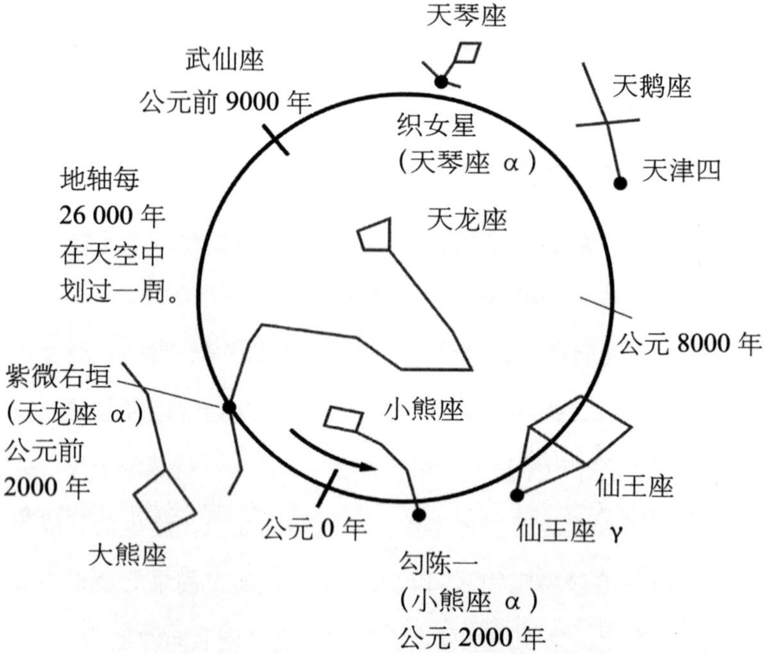

受地球“摇晃”（分点岁差）的影响，北极星不会一直是勾陈一。

陈一则要到很久之后才会再次成为“北极星”。

中国学者、官员沈括（1031—1095）与其同僚卫朴（活跃于1075年前后）每夜记录北极星位置，长达5年之久。此后他还记录了当时的中国发明——罗盘的信息，水手依靠罗盘横渡大洋，到达欧洲、中东等地。他也是首位发现磁针所指的不是地理意义上的南北极，而是南北磁极的人。

阿拉伯天文表与星盘：阿扎奎尔（Azarquiel）

阿扎奎尔（1028—1100），又名扎卡里（al-Zarqali），出生于西班牙的穆斯林小镇托莱多（Toledo）。这座小镇是重要的学术研究中心，同时也一直遭受着西班牙基督教势力的进攻。阿扎奎尔起初以制作精密科学仪器为生，后来在客户的支持下接受了数学与天文学教育。他编制的“托莱多天文表”（Toledan Tables）被视为当时最精确的天文表。直到12世纪，整个欧洲的天文学界研究者仍然在使用这一图表。

借助托莱多天文表，天文学者得以预测太阳、月亮与诸行星相对各“恒星”的运动轨迹，并且能提前许多年预测日月食出现的时间。基督教的许多研究者都采用了这份天文表，并在此基础上编写了“阿方辛天文表”（Alfonsine Tables，约1252—

1270)，后者在欧洲一直沿用到 16 世纪。

阿扎奎尔的另一项贡献是：他设计了一种新型的星盘。早在公元前 150 年前后，希帕克斯就完成了这种星盘的原型的设计，而阿扎奎尔设计的星盘可以在任意纬度测定太阳、月亮和星辰的高度角（altitude），再以此计算出当前所在地的纬度。在中世纪的阿拉伯国家，星盘是人们安排祈祷活动所使用的重要工具，而它最终将会在改进后应用于航海导航。

恒星导航与探索时代：亚伯拉罕 · 扎库托（Abraham Zacuto）

犹太教拉比（rabbi，犹太民族中阶层名）、科学家亚伯拉罕 · 扎库托在 15 世纪出生于西班牙。当时，欧洲绝大多数的水手在驾船航海时只会沿海岸走前人探索过的航道。扎库托发明的天文导航设备彻底改变了这一现状，欧洲大陆的探险家们将驾船横跨大洋，抵达南北美洲与东印度群岛。

扎库托的一大成就是：他编写了用于日间导航的“太阳天文表”（solar tables，夜间导航时则参照北极星判断方向）。在星盘被用于航海之后，又有了这些天文表，航海者便可以根据在船上测定的太阳高度角（在一年中的不同时期，太阳高度角不同）

判断船只当前所在地的纬度。使用金属星盘时，盘身要保持竖直，使圆盘上的零刻度标记与地平线平齐，调节视杆，使其对准太阳，然后读出仪器所示的太阳高度角。此外，只要比较海上某处与出发点的太阳高度角，航海员便可以计算出两处在南北方向上相隔的距离。

当时的人依靠这些技术完善了海图，对那些勇于探索未知海域的航海家［例如巴托洛梅乌·迪亚斯（Bartolomeu Dias）、瓦斯科·达·伽马（Vasco da Gama）以及克里斯托弗·哥伦布（Christopher Columbus）］而言，这更是无价之宝。

扎库托出版了一本附有数张天文表格的天文历书。曾经有一段关于这份历书的轶事：它救过哥伦布的命。在哥伦布第 4 次探索新大陆的旅程中，他和船员曾一度身陷险境，险些被一群土著杀死。幸好哥伦布从扎库托的天文历书中获悉，1504 年 2 月 29 日将会出现月全食。他利用这一点，向土著宣称月亮的消失表明他们触怒了神灵，等到月亮复原，哥伦布又宣称这表明神灵宽恕了他们。这件事直接改变了土著对哥伦布一行人的态度。

200 年后，更精确的六分仪（sextant）替代了星盘，成为天文导航的标准仪器。直到 18 世纪，经度仪（chronometer）才出现，此后航海者们才能在开阔海域测量自身所在地的经度以及更准确的位置坐标。

亚伯拉罕·扎库托（约 1452—约 1515）

伊比利亚半岛（Iberian peninsula）长期生存着一支犹太族群。受益于同阿拉伯文明的交流，这群人中出现了许多伟大的学者，其中就有扎库托——一位兴趣广泛的全才。他鼓励自己的朋友探险家克里斯托弗·哥伦布坚持驾船抵达亚洲的梦想。

1492 年，西班牙国王斐迪南（Ferdinand）与女王伊莎贝拉（Isabella）要求境内犹太人改宗基督教抑或离境，于是扎库托前往葡萄牙，在里斯本（Lisbon）落脚。很快他就获得了宫廷天文学者及历史学者的职位。葡萄牙国王曼努埃尔（Manuel）与航海家瓦斯科·达·伽马针对航海问题向他寻求建议时，扎库托表示，驾船向东方探索并非天方夜谭。同年，国王曼努埃尔向葡萄牙犹太人下达最后通牒，要求其改宗或离境，所幸扎库托和其子萨缪尔（Samuel）及时逃离。但在前往北非避难的途中，他们两次被海盗俘虏，并勒索赎金。

最终扎库托在突尼斯登岸，但西班牙入侵的阴影始终在他心头挥之不去，为此他先后辗转北非各地，最后才在土耳其定居。

经度问题的解决：约翰·哈里森（John Harrison）

18 世纪 70 年代，一位自学成才的英国钟表匠约翰·哈里森（1693—1776）发明了航海经度仪（seagoing chronometer），彻底解决了“经度难题”。这是一次航海者们等待了许久的技术进步。

在此之前，如何测定船只所在地的经度（东西向的坐标）一直深深困扰着海员们。意大利探险家亚美利哥·维斯普奇（Amerigo Vespucci）曾抱怨道：

“我承认，在测定经度的问题上我遇到了相当大的困难。我曾经花了大量精力测定自己在东西方向上走了多远，最后我发现，最好的方法就是耐心等待并观察两颗行星相合（conjunction）的时间，尤其是月球和其他行星，因为月球的运行速度比其他行星要快得多。然后，我会把观察结果和天文历书进行对照。”

他的方法的确能大致估计出当前所在地的经度，但是必须提前预测出某项特定的天文现象发生的时间，并且还要知道当前的精确时间。这对于远离家乡的海员来说并非易事。

此外，还有另一个方法：将船只所在地区的时间（依靠观察太阳位置确定）与船上时钟记录的某个已知地点（比如出发点）的时间相比较，估算出船只向东或向西航行了多远。可以这样理解其原理：想象地球表面沿东西方向排布着经度线，每向东或向西航行 15°，当地的时间就提前或后退 1 小时。而现在问题又回到了如何精准地确定当前所在地的时间上。

哈里森发明的航海经度仪（或者"便携航海时钟"）提供了一条解决方案。这座时钟远比当时最好的钟表更为精准，能够抵御海上变幻莫测的天气以及船只航行时的颠簸。英国探险家詹姆斯·库克（James Cook）船长在 1772—1775 年间的环球航行中对这台仪器赞不绝口。他当时使用的那台仪器现藏于伦敦的国家航海博物馆（National Maritime Museum）。

1884 年，英国格林威治（Greenwich）所在地的经线被选定为本初子午线（0° 经线），地球上的每一点都可以依照其在这根经线以东或以西的距离确定经度坐标。现代船只依靠卫星导航系统精确记录自己的所在位置，但人们仍常会随船携带一部经度仪，以应对紧急情况。

现代天文学的开端：尼古拉·哥白尼

1543年，哥白尼发表了日心说，地心论宇宙体系受到了第一次冲击。此后不久，约翰·沃尔夫冈·冯·歌德（Johann Wolfgang von Goethe）如此评论道："在所有发现、所有观点之中，再没有什么能比哥白尼的学说对人类思想的影响更为巨大的了。当人类被要求放弃居于宇宙正中的伟大特权时，世界本身的形状与细节甚至尚且少有人完全得知。"

因为与《圣经》（*Scripture*）的某些篇章的内容相符，托勒密的地心论宇宙观已经在欧洲盛行近1500年。这种理论与普通观察者对天空的印象相符，又因为将人置于万物的中心，所以对人们有着巨大的吸引力。但哥白尼却发现了日心说所蕴含的逻辑："太阳位于万物的中心。如果要用一盏灯照亮一座华美的殿堂，谁不会把灯放在屋内一个能同时照亮所有角落的地方呢？"

哥白尼的天文体系在简洁性上有着巨大的优势。它不需要借助托勒密理论特有的复杂的几何工具，就能够解释诸行星的运行规律，因为它主张诸行星的逆行只是表象而非实际，归根结底是地球的运行所致。它将太阳置于万事万物的中心，水星、金星、地球、月球、火星、木星和土星，以及外部缀满恒星的天球都围绕着太阳有序地运转。地球绕地轴自转的周期是 1 日，月球绕地球公转的周期是 1 月，地球绕太阳倾斜地公转的周期是 1 年。

日心说在公众中掀起狂潮，触怒教会，但也标志着科技革命的开端。

尼古拉·哥白尼（1473—1543）

哥白尼出生于一个富裕的波兰家庭。他可能是在克拉科夫大学（University of Krakow）学习天文学期间接触了托勒密理论。1501 年，他被指派为弗劳恩贝格（Frauenberg）大教堂的司铎（canon），这一职位给了他学习“星相医学”（astrological medicine）的时间——中世纪欧洲的外科医生相信星辰会影响人体机能。

宗教改革时期的动荡似乎没有波及哥白尼，他把大量时间花在在城镇要塞的高塔上观察天象。他没有仪器辅助自己进行观测，因为望远镜在一个世纪后才被发明。

1514 年前后，哥白尼与几个朋友交流了自己对日心说的早期构想，而详细的理论在他离世后才得以问世。一位审查其手稿的路德宗（Lutheran）牧师在用匿名写的一段前言中表明了与哥白尼相反的观点，他认为日心说不过是描述行星运行规律的数学应用方法，并非是与世界本质相关的真理。到了 17 世纪早期，日心说引起教会的愤怒，进而遭到抵制。

日心说的拥护者：约翰内斯·开普勒（Johannes Kepler）

在哥白尼之后，第一位公开支持日心说理论的人是德国天文学家、数学天才约翰内斯·开普勒。

开普勒是虔诚的基督徒，坚信上帝依照几何的蓝图建造了宇宙，他认为如果自己能理解上帝的蓝图，就会更加接近造物主。

他运用欧氏几何（Euclid's geometry）为已知的诸行星的运行轨迹建立了模型，发现太阳应该居于空间中央，众行星环绕太阳运行。于是他得出结论：太阳位于诸行星的中心，也是诸行星运行的推动者。他的宇宙模型反映了他的精神世界的观念：圣

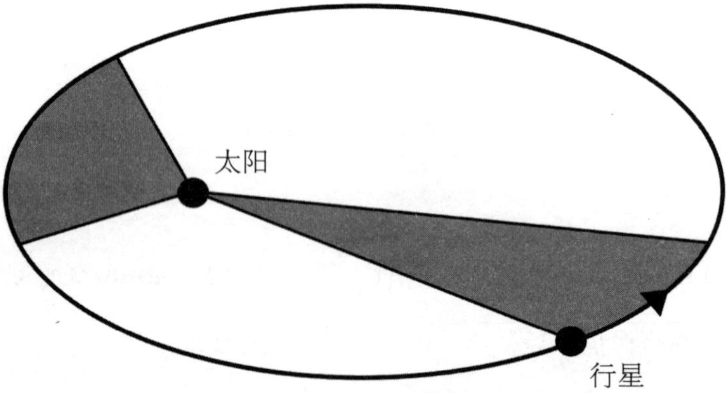

开普勒第二定律：

行星与太阳中心的连线在单位时间内扫过的面积相等。

父就如同伟大的太阳，处于被造物的中央。这一模型也与日心说的理论相符。

此后，他又用10年时间苦心研究火星难以预测的轨迹（他偶然间获得了这颗行星的数据），并将此称为自己“对火星发起的战争”，直到他意识到，他的假设存在根本性的错误。“那就像是我从梦中醒来，眼前闪过一道全新的光芒。”已知的诸行星的公转轨道不可能是哥白尼的模型中所描述的正圆，而应该是以太阳为焦点的卵形的椭圆（即开普勒第一定律）。行星在近日点时公转速度最快，在远日点时公转速度最慢。除此之外，假设连接太阳与行星的中心，则两者的连线在单位时间内扫过的面积相等，这便是开普勒第二定律，可以根据它计算出行星运行到轨道上任意一点时的速度。开普勒第三定律则是依靠几何数据和行星公转周期计算出行星与太阳的距离。

开普勒关于行星运动的三大定律推翻了天体依照正圆运行的观点，宇宙学被这一观点主导已2000余年之久。80年后，艾萨克·牛顿将会做出开普勒定律的数学解释，并在这一基础上完成有关万有引力的研究。

现代人对太阳系的认识大都建立在开普勒定律的基础上。他为我们提供了具有实用意义的定律——比如我们可以运用这些定律计算人造“卫星”（该词由开普勒创造）以及航天器的轨道数据。

日心说虽然是一个实用的太阳系模型，但天文学家之后会发现，日心说并非完全准确。太阳并不是宇宙的中心，而是无数恒星中的一颗。

约翰内斯·开普勒（1571—1630）

开普勒 5 岁时，他的雇佣兵父亲就不幸离世，1 年之后，他的母亲带他去山顶看流星时，他对天文学的兴趣显现了出来。

开普勒终生都是路德宗信徒，他一度想成为牧师，但按照习俗，他要学习其他学科的课程，因此他了解了新兴的日心说，并最终成为这一理论坚定的支持者。他在格拉茨（Graz，今属奥地利）新教学院（Protestant school）教授数学和天文学，但欧洲愈演愈烈的宗教冲突数次打乱了他的生活。格拉茨驱逐了所有新教徒，开普勒与家人逃往布拉格（Prague）避难，并在那里协助丹麦天文学家第谷·布拉赫（Tycho Brahe，1546—1601）编写了一套新的天文表。布拉赫于 1601 年去世，之后开普勒接任了罗马帝国皇帝鲁道夫二世（Rudolf Ⅱ）的皇家数学家的职位，并受托完成天文表。

开普勒深陷于17世纪欧洲的宗教冲突之中。1620年，其母亲卡特丽娜（Katharina）被捕入狱，被指控为女巫，将受到酷刑的折磨。虽然在这起案件中开普勒为母亲提供了帮助，但还是经历了冗长的法庭争辩后卡特丽娜才得以释放。

当布拉格转而排斥新教徒时，开普勒又不得不搬到林茨（Linz，今属奥地利）居住。1626年，“三十年战争（Thirty Years' War）”的战火又烧到了林茨，这座城市被天主教的军队包围。宗教冲突使他无法专心工作，颠沛流离的生活又使他已经获得的研究成果无法保存，开普勒最终高烧不治，在雷根斯堡（Regensburg，今位于德国西南部）去世。他的墓地已无从寻找，但墓志铭尚有保存：

“我曾测天高，今欲量地深。我的灵魂来自上天，凡俗肉体归于此地。”

改变天文学的望远镜：伽利略·伽利雷

伽利略最著名的成就是建造了第一台具有一定精度的用来观测太阳系的望远镜。

1609年，他改进了望远镜的设计，从而成为第一个使用高效仪器观测天体的人，也是第一个记录月球表面有山脉与陨石坑的人。1610年，他观测到了另一些人们从未见过的现象，这提供了有关太阳系的全新知识：他观测到木星较大的4颗卫星，发现至少有一部分天体并非环绕地球运行；观测到金星的盈亏，这也暗示其环绕太阳运行；还发现了大量的恒星，这表明宇宙远比之前人们所构想的要大得多。

最重要的是，伽利略得出了一个结论：教会主张的“太阳和其他行星围绕地球运行”的理论是错误的。1615年，他在一封信中写道：“关于太阳与地球的运行，受上天启发而成的《圣经》必须按照人们获取的知识来修订。”

伽利略被视为“现代科学之父”，他使用了一种可量化的实验方法解决问题，这种方法最终演变为科学方法的标准。这种方法先是通过受到严格控制的、可重复的实验验证某个有关自然世界的猜想（想法），然后以数学语言表达结果，再根据实验结果与预测的符合程度判断是否要对原猜想进行修正，或者直接证伪原猜想。这个进程将一直进行，其目标就是得到一个与事实完全相符的理论。

伽利略·伽利雷（1564—1642）

伽利略出生于意大利比萨（Pisa）的一个曾是贵族但后来一贫如洗的家庭。父亲希望他能成为薪资优渥的医生，于是送他去读了大学，但伽利略对数学难题和自然哲学之外的事物完全不感兴趣，因此没能拿到学位。

虽然伽利略是小有名气的数学家，但他的父亲担忧他会变得穷困潦倒，最后他的境况确实如此。后来他开始从事发明创造活动，当他仿照某项大多数人从未见过的荷兰发明创造出了望远镜之后，他的财富开始急速增长。他改进了这种仪器，最终成果使他有了各种伟大的天文发现，其中就包括地球和诸行星环绕太阳运行的证据。他声名鹊起，并获得了托斯卡纳大公（Grand Duke of Tuscany）科西莫·德·美第奇（Cosimo de Medici）的宫廷数学家这个待遇优渥的职位。

伽利略所支持的日心说体系与教会宣扬的学说相冲突。

1600 年，宗教裁判所（Papal Inquisition）以火刑处死了哲学家、占星家乔尔丹诺 · 布鲁诺（Giordano Bruno），或许是因为这一事件，伽利略公开放弃了自己的观点。这一事件成为宗教与科学之间冲突的象征。

土星环：克里斯蒂安 · 惠更斯（Christiaan Huygens）与乔凡尼 · 卡西尼（Giovanni Cassini）

土星，太阳系中最大的行星，千年以来在人们眼中它都是夜空中一颗美丽的亮黄色行星。

1610 年，当伽利略第一次将望远镜对准这颗行星时，他看到了土星两侧各有一颗卫星。45 年后，荷兰天文学家克里斯蒂安 · 惠更斯（1629—1695）使用更精确的望远镜进行观测，他在土星周围看到了一圈坚实的“细而平的星环”以及一颗卫星 [土卫六（Titan），土星最大的卫星]。1675 年，意大利天文学家乔凡尼 · 卡西尼（1625—1712）发现，在土星的两圈星环间有一条缝隙 [后称“卡西尼环缝”（Cassini divison）]，并找到了土星另外 4 颗卫星。

2004 年，“卡西尼号”无人探测器首次环绕土星运行完毕，其发回的照片显示，大量冰块与岩石组成的复杂结构环绕着这颗巨大的行星运行，构成了土星标志性的星环。人们下一个任务是弄清这一环状结构如何形成，希望能更进一步了解太阳系的起源与演化。

人们在这次探测行动中还发现，土卫二（Enceladus，土星的 60 余颗卫星中的一颗）的南极有喷发出水蒸气与冰的喷泉。现在的科学研究者认为，这一现象一个可能的解释是在这颗卫星的冰质外壳下存在地下海洋，而含水的环境更有利于微生物的生存。这一发现告诉我们，太阳系中能孕育生命的地方，远比我们想象的更多。

宇宙的基石：艾萨克 · 牛顿与阿尔伯特 · 爱因斯坦（Albert Einstein）

英国数学家、科学家艾萨克 · 牛顿是第一位利用科学理论回答了“维系物质宇宙的力量是什么”这一问题的人。

1684 年，天文学家埃德蒙多 · 哈雷（Edmond Halley，1656—1742）向牛顿请教有关行星轨迹的问题，他惊讶地发现，牛顿对此已经有了一套完整的科学理论：维系宇宙结构的是一种无处不在的力，即万有引力。

牛顿证明引力既可以在近距离范围内生效，如把树上的苹果吸引向地面；也可以在远距离范围内生效，如将行星维系在绕日公转的轨道上。物体含有的物质越多，即质量越大，对外施加的引力就越强。

1687年，牛顿将自己的成果汇总、出版，定名为《自然哲学的数学原理》（拉丁语：*Philosphiæ Naturalis Principia Mathematica*），后常以《原理》简称此书。这本书包含了万有引力和运动定律等内容，成为公认的科学宇宙观。

200年后，犹太裔科学家阿尔伯特·爱因斯坦将会在经典物理学的基础上继续探索，彻底改写人类对引力和时空的观念。在爱因斯坦提出的广义相对论（1916）中，他指出，引力的本质不是牛顿所描述的力，而是物体质量引发的空间弯曲。物体质量与能量会扭曲空间的几何结构，就像人坐在床垫上，床垫会变形，而这种现象就是我们所称的引力的作用。这种理论的一大推论就是，光的传播路径也会被引力扭曲，在大质量物体（比如太阳）附近，光不会沿直线传播。

在1919年发生的一次日食期间，爱因斯坦的理论得到了有力的证实。英国天文学家亚瑟·爱丁顿（Arthur Eddington，1882—1944）发现：在地球上观测到，太阳背后极遥远处有一颗恒星，它发出的光芒经过日食期间的太阳到达地表时产生了扭曲。

大爆炸理论与宇宙起源：乔治·勒梅特（Georges Lemaître）与埃德温·哈勃（Edwin Hubble）

乔治·勒梅特（1894—1966）是比利时耶稣会（Jesuit）传教士、天文学家。1927 年，他首次提出了“宇宙在膨胀”的观点。最终，这一观点演变为宇宙起源的“大爆炸”（Big Bang）理论。

勒梅特提出这一假说：宇宙的膨胀可以追溯到过去的某一时间点（现代估测这一时间点为 138 亿年前），那时，一个极小、极为致密的“原初原子”（Primaeval Atom）或“宇宙卵”（Cosmic Egg）发生了极为猛烈的爆炸。他的假说公布后，起初只在比利时国内产生了一定的反响，直到 1931 年，英国天文学家亚瑟·爱丁顿协助翻译了这一理论，并将其称作“天才的构想”。

但勒梅特的名望却远逊于同时代的另一位美国天文学家——埃德温·哈勃。哈勃协助证明了宇宙膨胀的理论，建立了大爆炸模型，也因此获得了“宇宙科学之父”的美称。

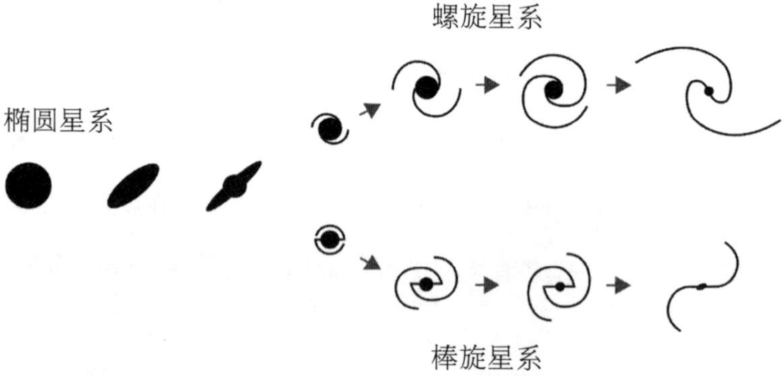

哈勃于1936年建立了星系分类法。我们所在的星系，
即银河系，看上去像一条横贯夜空、光芒暗淡的光带，
属于棒旋星系。它形如一块旋转着的扁平碟片，
宽度约为10万光年，由气体、尘埃和约1000亿颗恒星构成。
太阳系并不处于银河系的中心，而是位于一条较小的旋臂上。

哈勃开始专业研究之初，就经历了一段令人振奋的时期。亨利埃塔·勒维特（Henrietta Leavitt，1868—1921）此前就留意到，大小麦哲伦星云 [Large and Small Magellanic Clouds，靠近银河系边缘的可见天体，现已知晓其为矮星系（dwarf galaxies）] 包含了数千颗亮度不一的恒星。她的观察结果提供了一种测量恒星间距的新方法，人类所知的宇宙图景由此发生了根本性的改变。天文学者逐渐意识到，宇宙比他们之前所构想的要大得多。此后，阿尔伯特·爱因斯坦提出的广义相对论则预示着：宇宙并非永恒不变，而是在膨胀或是收缩。但包括爱因斯坦本人在内的许多人都觉得难以接受这一新观点。

哈勃起初的研究对象是旋涡星云（spiral nebulae），也就是夜空中随处可见的一些模糊的光团。这些气体云是位于银河系之内，还是位于遥远的银河系之外的恒星团？加利福尼亚州的威尔逊山天文台（Mount Wilson Observatory）有当时世界上最大口径 254 厘米（100 英寸）的胡克望远镜（Hooker telescope），哈勃在此专注于观测仙女座星云（Andromeda nebula），并首次揭示了暗星的存在。1923 年，他得出结论：这些旋涡星云太过遥远，不可能是银河系的一部分，所以它们属于一个全新的星系（现命名为“仙女座星系”），这一星系与我们的距离约为我们与银河系中最远恒星距离的10倍以上。在进一步的研究中，天文学家还发现了其他数个星系。显然，宇宙比人们之前所想象的要大得多。哈勃比较了这些星系，并建立了星系分类法，这种分类法被沿用至今。

1929年，哈勃又有了另一项重大发现，并公布了有关宇宙膨胀的数据。在研究了46个星系之后，他最终发现，星系之间的距离越远，其互相远离的速度就越快。这是哈勃定理的基础，也可以表述为：距地球越远的星系远离地球的速度越快。星系之间的距离在不断变大，因此宇宙在膨胀（宇宙膨胀理论）。哈勃随后建立了宇宙膨胀方程，这一方程经过数次修订后，现今人们仍在使用它。根据该方程估测出，宇宙膨胀的速度约为500千米每秒每百万秒差距（megaparsec，100万秒差距约为326万光年），即距地球326万光年的星系，以每秒500千米的速度远离地球。这一估值被称为“哈勃常量”（Hubble constant）——宇宙学中最重要的常量之一，用以估测宇宙的大小与年龄。

现代研究指出，哈勃估测的星系间距离偏小，所以他估测的宇宙膨胀速度偏大。现代天文学家估测的哈勃常量约为70千米每秒每百万秒差距，但是其具体数值仍没有确定。

为了纪念这位伟大的天文学家，哈勃太空望远镜以其名命名，并于 1990 年发射升空，旨在为确定和修正哈勃常量提供更多数据。迄今为止，在这座望远镜的协助下，科学家发现宇宙不仅在膨胀，而且在加速膨胀，膨胀的驱动力则是某种被称为“暗能量”（dark energy）的神秘力量。

1964 年，宇宙微波背景辐射（cosmic microwave background radiation）被发现，它被人们视作大爆炸的某种“回声”，大爆炸理论目前仍是主流的宇宙观。

超新星、中子星与暗物质：弗里茨·茨维基（Fritz Zwicky）

1935 年，瑞士天文学家弗里茨·茨维基（1898—1974）在位于山顶的天文台用施密特望远镜（Schmidt telescope）观测夜空，这种广角望远镜是他寻找亮度极高的星体 [他将这种星体命名为“超新星”（supernova）] 的理想工具。

根据茨维基的猜想，超新星代表着一颗巨大恒星的壮丽死亡——一场比普通恒星（即新星）的爆炸更为惊人的爆炸。这场爆炸只会持续几秒，但其释放的能量足以照亮整个星系，它散发出的粒子将成为构造新星球的基石，而遗留下来的只有变形了的遗骸——一颗中子星。这种恒星的残骸是宇宙中已知存在的体积最小、密度最大的天体，几乎完全由中子或亚原子粒子组成，整体不带电荷。

最早的超新星观测记录来自公元185年的中国，在望远镜被发明之前已经存在数十条相关记录，被发明之后则有数百条。茨维基观测到了120起这种现象，而今天观测超新星的任务则由计算机控制的望远镜完成。虽然每一个星系在一个世纪之内只会发生2~3次超新星爆炸，但是宇宙中有近1000亿个星系，理论上每秒都会发生30次超新星爆炸！

银河系中最大的恒星之一——参宿四（Betelgeuse，猎户座α）的一生濒临结束，预计在100万年之内就会发生超新星爆炸。这颗明亮的橘红色“超巨星”属于猎户座，对它进行的观测记录可以追溯到远古时期。它已经耗尽了星体内的氢元素，星核压力上升，过度膨胀的外层肉眼可见。

宇宙射线或高能辐射则是超新星爆炸的一大副效益。它会影响人造卫星上搭载的电子设备的正常运行，还可能会影响飞机的飞行控制系统，致使飞机坠毁。如果未来人们不能研发出有效的护盾系统，那么行星际的载人航天飞船的发展就会面临严重阻碍。

1933年，茨维基发现了现代天体物理学中最大的谜团——

暗物质。正如其名，暗物质在望远镜下不可见，但可以根据它对恒星和其他可见物质产生的引力效应证实其存在。茨维基发现暗物质存在的起因是，他注意到后发座星系团（Coma cluster）中恒星的质量提供的引力不足以将其塑造为星系团。他由此得出结论：必定存在一种“暗物质”来补齐宇宙中“缺少的质量”。薇拉·鲁宾（Vera Rubin）则在20世纪70年代为茨维基的理论补充了证据。她注意到一个奇怪的数据差异——位于星系边缘的恒星运行的速度超过了根据万有引力定律预测的速度。

现在，天文学者普遍认为，暗物质在宇宙全部的物质及能量中约占27%，暗能量（引起宇宙膨胀的未知力量）约占68%，而普通的可见物质仅占5%。

白矮星与黑洞：钱德拉（Chandra）

苏布拉马尼扬·钱德拉塞卡（Subrahmanyan Chandrasekhar，1910—1995）出生于英属印度（British India）的拉合尔（Lahore，今属巴基斯坦）。或许是受到了叔叔（1930年诺贝尔物理学奖获得者）C. V. 拉曼爵士（C. V. Ramen）的激励，钱德拉前往英国攻读研究生学位。而在他的革命性观点招致反对与质疑时，他已经迁居到了美国。

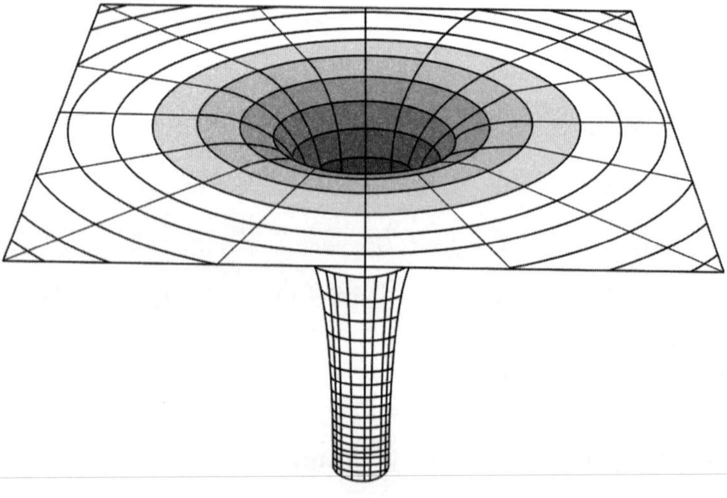

黑洞是一个密度无限大的点，引力极强，

任何接近它的物体都会被吸入其中。

钱德拉提出的最著名的理论是：当恒星（例如太阳）核心的原子能耗尽，恒星抵达演化的终点时，并不必然会坍缩为一个小而稳定、温度缓慢下降的碎片，即白矮星（white dwarf）。如果白矮星的质量超过了某一阈值［即“钱德拉塞卡极限”(Chandrasekhar limit)，比形成中子星所需的质量更高］，它就会发生超新星爆炸，之后开始向内坍缩，形成一个体积无限小、密度无限大的点，现称为“黑洞”(black hole)。黑洞拥有极其强大的引力，任何物体在一定距离范围内靠近它都会被吞噬，甚至连光也不例外。

这一理论经过了严格的数学论证，钱德拉提出这个理论前参考了量子物理的新兴概念与相对论中白矮星的已知性质。

他猜测泡利不相容原理（Pauli exclusion principle）［沃尔夫冈·泡利（Wolfgang Pauli）于 1925 年提出的原理，又称“电子简并原理”］在宏观上同样适用。这条原理指出两个电子不能占据相同的量子态。钱德拉认为，由此可以得出一条推论：巨型恒星向内坍缩时产生的收缩压将迫使电子以近光速跃迁到更高的能级，引起超新星爆炸，垂死恒星周围的电子气体外层被吹走，留下一块致密的、不断坍缩的残骸碎片。

钱德拉对恒星结构、起源和动力学的研究结论以及对黑洞的预言随后得到了证实。

脉冲星、类星体与“小绿人”：苏珊·约瑟琳·伯奈尔（Susan Jocelyn Bell）

20 世纪 50 年代，科学家在对无线电波进行早期研究时发现了类星体 [quasars，得名于“类恒星无线电源”（quasi-stellar radio source）的首字母缩写]。类星体位于可观测宇宙的遥远边缘，距地球 100~150 亿光年。当其发出的无线电波、光以及射线到达地球时，我们接收到的其实是它在 100~150 亿年前发出的信息。

科学家认为，类星体其实是被一个旋转着的、碟状的扁平气体结构 [即吸积盘（accretion disc）] 环绕着的超大质量黑洞，其引力极大，能吸引并吞噬恒星甚至小的星系，并喷发出巨量射线和光，导致其亮度骤升——科学家正是由此发现了类星体。

英国天文学家苏珊·约瑟琳·伯奈尔（生于 1943 年）用挂在剑桥大学（University of Cambridge）附近场地的一个木桩上的简易天线观测新近发现的类星体，此时，一段微弱但有规律的无线电脉冲引起了她的注意。研究团队起初怀疑这是外太空的“小绿人”（Little Green Men）在试图与人类取得联系，但他们随后意识到这些脉冲信号来自急速旋转的中子星——由中子这种电中性的亚原子粒子构成的密度极高的小型天体；弗里茨·茨维基曾于 1935 年猜测这种星体是超新星爆炸留下的遗骸。而后他们将这种星体命名为“脉冲星”(pulsar)。伯奈尔最终与诺贝尔奖失之交臂，因为成果发表时她还是学生，许多人为此愤愤不平。

科学家相信，在银河系中存在多达3万颗中子星。巨型无线电望远镜时刻指向天空，试图捕获它们传递的信息。

奇点：史蒂芬·霍金（Stephen Hawking）

世界上最有名的宇宙学家之一——史蒂芬·霍金，为人类进一步了解宇宙的起源、演化，以及目前的结构做出了颇多贡献。

霍金与罗杰·彭罗斯（Roger Penrose，生于1931年）在20世纪60年代研究广义相对论。他们依靠新的数学工具证明宇宙过去必定有过一种密度无限大的状态，即“大爆炸奇点”(Big Bang singularity)，此时所有星系彼此堆叠成一点，宇宙的密度是无限大的。

在霍金之前，科学家认为任何物质都无法从黑洞中逃逸。而霍金发现，在特定情况下黑洞也会喷发出某种亚原子粒子，并将其称为“霍金辐射”(Hawking Radiation)。同时他还指出，黑洞有温度，并且不是纯黑色的。黑洞遵循热力学定律，最终会蒸发、消失。

史蒂芬·霍金（1942—2018）

霍金在年幼时就对基础的科学问题颇有兴趣，这在一定程度上是受其作为热带疾病专家的父亲的影响。他在牛津大学（University of Oxford）学习物理学，毕业后又去剑桥大学攻读宇宙学博士学位。但在他到达剑桥后不久，他被诊断出罹患肌肉萎缩性侧索硬化症（amyotrophic lateral sclerosis），这是一种会导致肌肉萎缩、无力的运动神经元疾病。医生表示，他剩余的寿命只有几年。但霍金没有听天由命，这件事反而激励了他最大限度地发挥自己的能力，去实现探索宇宙奥秘的志向。

因为病情，他的身体状况一再恶化，最终失去了自主行走的能力。随着时间流逝，他的语言功能也开始退化，授课时常常需要研究生代替他读讲稿。1985年，霍金接受了彻底移除语言功能的手术，而后获得了一套为他量身定制的计算机系统与语音合成器，自此他可以用电子生成的声音发表公开演讲了。

第二章

数学：数字的科学

从简单的数字求和到复杂的密码学，这个世界充满了各种各样的数学问题——如何运算数字？如何描述图形？如何绘制图案？与其他科学学科不同，数学定理一证永证，绝不会被推翻，所以数学史是全新的概念与思想不断演进的历史，而非新模型取代旧模型的历史。

今天，仍有许多数学问题未被解决，或未得到确切证明。

几何原本：欧几里得（Euclid）

“几何之父”欧几里得（约公元前325年—公元前265年）

是古希腊人，他撰写了全世界除宗教书籍外传播最广的著作——《几何原本》(*The Elements of Geometry*)。在近2000年的时间里，欧洲和中东的国家将这本书视为最优秀的数学教科书。虽然书名只提及几何学，但它实际上涵盖了数学的各个分支，叙述清晰、简洁易懂。对于某些数学定理和证明，欧几里得给出了迄今为止最好的解答。

《几何原本》共13卷，包含各类定义、定理、证明、未证实的假定以及公理（不证自明的陈述），其中既有数学理论又有实际应用方法。对于那些想要学习数学并想将数学应用到生活中的人而言，这本书尤为宝贵。

我们对欧几里得所知甚少，只知道他曾在当时著名的学术中心——亚历山大港教书授课。他建立了一套普适的公理体系，总结归纳了自己对点、线、面和其他图形的研究成果，这套体系就以他的名字命名为“欧氏几何”。《几何原本》一书中包括了许多著名定理，例如黄金分割（使人觉得有美感的比例）、正多面体（柏拉图多面体的构造），以及毕达哥拉斯定理(Pythagoras' theorem，即“勾股定理”，表明直角三角形各边的平方之间的关系)。顺便一提，毕达哥拉斯定理并不是由希腊人毕达哥拉斯（Pythagoras，公元前6世纪）提出的，但他或许是

第一位证明这条定理的人。

曾有一位暴君问欧几里得：“学习数学是否有捷径？”后者则回答道：“通往几何并无御道。”

机械数学：阿基米德（Archimedes）

叙拉古（Syracuse）的阿基米德为同时代的一众古希腊学者所熟知，这不仅因他具有独创性的数学思想，更因为他创造了在当时十分先进的机械设备。其中一些设备，例如名为“阿基米德螺旋泵”（Archimedes’ screw）的水泵以及滑轮组，具有相当高的社会生产价值；而另一些则是让人闻风丧胆的战争机器，例如巨型弩炮以及“阿基米德之爪”（Archimedes’ claw），又名“撼船者”（Ship-shaker）——一台配有巨型抓钩或爪形器具的吊车，它能够使抓钩猛撞敌舰并将其击沉，或直接将其拽出海面。

阿基米德制造的机械运用了一项重要的原理——杠杆原理。虽然他并不是杠杆的发明者，但他发现了杠杆平衡原理，阐释了其运作的机制。他最著名的发现则是阿基米德原理（Archimedes’ principle）：要计算物体浸没在液体中的部分体积，只需测量其排出液体的体积。得出这个结论时，阿基米德正在思考一个棘手的难题：如何判断叙拉古国王新的金王冠中是否掺杂了一些廉价金属。

阿基米德还利用“穷竭法”（method of exhaustion）计算出了圆的面积：先画出圆的内接和外接正多边形（至少有 3 条直边、3 个角的图形），再增加多边形的边数，直至边逼近圆周。（求多边形的面积远易于求圆的面积。）他还发现了球体和圆柱体之间的关系，并探索了其他数学领域，例如平方根与图形的性质（三角形、矩形、圆等）。

阿基米德（公元前 287 年—公元前 212 年）

阿基米德的父亲是一位天文学家。阿基米德出生于叙拉古——西西里岛（Sicily）上一座独立的希腊城邦。他不止因发明了那些机械设备而著名，还因为他想到阿基米德原理时过于激动，直接跳出了公共浴池，没穿衣服就跑回家中，并大喊着：“我想到了！”

他一直认为，自己提出的数学理论比发明的机械更重要。在他的著作《方法》（*The Method*，约公元前 250 年）中，他写道："一开始，我都是依靠机械方法想通某些事情，但最终我不得不依靠几何方法来证明它们。"

公元前218年，叙拉古被卷入了第二次布匿战争（the Second Punic War，公元前218年—公元前201年），与迦太基（Carthage）结盟对抗罗马。[汉尼拔（Hannibal）就是在这场战争中骑着大象穿越阿尔卑斯山攻击罗马。]在阿基米德发明的"战争机器"的帮助下，叙拉古抵御了罗马军队数年的进攻，但在公元前212年终于被攻破，阿基米德也不幸被害。这位伟大的老年数学家本可以安全离开，但据传说，他由于钻研数学问题过分投入，无视了要带他去见指挥官的罗马士兵，被愤怒的士兵刺死；另一个说法则是，他随身携带的科学仪器被罗马士兵误认为是值钱的战利品，因而不幸遇难。

小数点后7位的圆周率：张衡与祖冲之

或许全世界最著名的数字就是圆周率，或者说是代表它的那个希腊字母"π"。

π的值约为$\frac{22}{7}$，常用值为3.14。它描述了圆的一个性质：若记圆的半径为r，则无论圆的大小如何，其周长恒为$2\pi r$，面积恒为πr^2。所以π在应用几何领域相当重要——实际上，古埃及的吉萨金字塔（Giza）的高度正是π与金字塔直径的比值。π还是解决一个一直存在的数学问题的关键：给定一个圆，能否仅借助基本工具（直尺和圆规）画出与之面积相等的正方形？

谁是第一个发现π的人并无记载，每一个发展出数学科学的早期文明——古巴比伦、古埃及（据记载）、古希腊、古印度、中国以及中美洲的玛雅等——都独立计算出了这一数值。应用各种几何方法，早期的数学家计算出的π值都位于3.12~3.16之间。中国发明家张衡（公元78年—公元139年）认为π的值就是10的平方根——3.162。

而生于张衡所处时代之后的天文学家、工程师与数学家祖冲之（公元429年—公元500年），则是世界上第一个精确计算出π的小数点后7位数值的人。他计算出，π位于3.141 592 6 ~ 3.141 592 7之间，欧洲数学家计算出的结果达到这一精度则要在1000年之后。

祖冲之的主要工作是编制新历法，他也是第一位在编制历法时考虑到分点岁差的中国人。这部历法准确度极高，他计算出1

年的长度为 365.242 814 81 日，与现代的计算结果仅相差 50 秒。

祖冲之编制的历法在他离世后才被采用，但他的发明，例如指南车、明轮船等则使他获得了相当高的名望。他的另一份遗产则是数学著作《缀术》，但因为那时大多数学者都无法读懂它，所以它不得不被移出当时官方指定的教材。

π 这一数字一直都是人们思考数学问题的不竭源泉。1882 年，斐迪南 · 冯 · 林德曼（Ferdinand von Lindemann，1852—1939）证明了 π 是“超越数”，即无限不循环，亦无法预测位数的数。2011 年，计算机程序花费 191 天计算出了 π 小数点后的 10 万亿位。毫无疑问，有朝一日计算机或许能计算出 π 小数点后的 1 兆位、1 京位，但我们建造的广场也不会因此变得更“方”一些。

正弦函数表：阿耶波多（Aryabhata）

年轻的天才阿耶波多（公元 476 年—公元 550 年）是古印度辉煌的数学文明的振兴者，他在 23 岁那年完成了著作《阿里亚哈塔历书》（*Aryabhatiya*）。

在这部著作里，阿耶波多以 119 行诗歌的形式首次提出了求平方根的方法，并且确立了三角学的基础概念，随后并将此命名为“正弦表”（tables of sines）。他创建这份正弦表所用的方法多种多样，其中就包括毕达哥拉斯定理。他还提出了将球面上的点和线投影到平面上的方法，以此将三角学的应用范围由平面拓展到球面上。

阿耶波多在代数和天文学领域获得了创新性成果，更创造了两个极具价值的概念：其一是用十进制表示十分之几、百分之几、千分之几；其二则是理解了“零”这个数学概念。虽然生存于古代文明的人可能都会意识到，库存食物为零就意味着饥荒，但“零”作为数学概念得到了认可，并使“负数”的引入成为可能。这意味着基础代数的发展迈上了一个新台阶，数学演变为一门理智的学科。阿耶波多的著作将这些概念传播到了中东并在此生根发芽，随后它又被传入欧洲。

十进制进入欧洲：斐波那契（Fibonacci）

现今人们或许难以相信，“零”这一数学概念直到 1202 年才为西欧所接受。这一年，意大利的一位年轻的会计斐波那契（1170—1250）出版了一部开创性著作——《计算之书》（*Liber abaci*），将来自印度—阿拉伯的数个重要的数学概念引入欧洲，其中包括阿拉伯数字、零以及基于位值的十进制系统。

斐波那契的真名其实是“比萨的列奥纳多”(Leonardo of Pisa)，但他最为后人所知的名字实际上意为“波那契之子”(Son of Bonacci)。波那契是一位贸易代理商，正是他建议自己的儿子在北非经商时顺便学习阿拉伯的数学概念。回到意大利后，斐波那契说服了欧洲人使用比罗马数字更简洁、计算更精确的阿拉伯数字。零被纳入了欧洲的数学之中，由此又引入了负数——比零更小的数——这一概念。斐波那契为欧洲未来的数论领域的发展打下了基础。

斐波那契是一位智慧的数学家，他为许多抽象的定理找到了可实际应用之处。他撰写的著作对经商者尤其有用，因为其中所举的许多例子都与商业有关，例如如何计算利润与开支，如何换算地中海地区各主要货币，并且还解决了一些有关测量的问题。

提起斐波那契，人们首先就会想到那个关于计算一定情况下兔子繁殖总数的问题。他对这个问题的解答，即每一项是前面相邻两项之和的数列，被称为“斐波那契数列”(Fibonacci sequence)，它在科学、自然和数学的诸多领域都得到了应用。斐波那契数列首项为1——实际上他在《计算之书》中省略了首项——而后是1，2，3，5，8，13，21，34，55，以此类推。

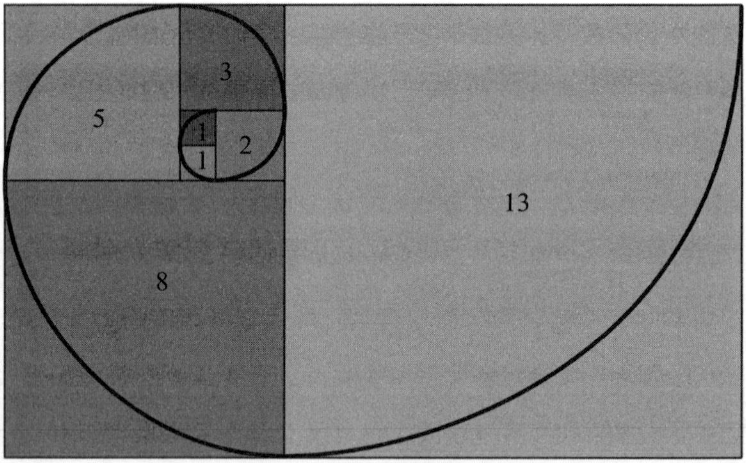

斐波那契数列的可视化表示。

除前两项之外，其余每一项都是前面相邻两项之和。如果以数列各项为边长构建正方形，那么连接每一正方形的对角点就可以得到一条螺旋线。数学家们对类似的数列尤为钟爱，在解决某些数学问题时，斐波那契数列确实颇为实用。其他领域的科学工作者对此也感兴趣，它被用于某些计算机软件中，生成一种用来描述经济增长的模型，它还出现在某些自然现象中，例如树叶在树干上分岔的模式、菠萝与松果的螺纹形状、向日葵花瓣的排列以及覆盆子种子的排布等。

笛卡尔坐标系：勒内 · 笛卡尔（René Descartes）

法国哲学家、数学家勒内 · 笛卡尔发明的笛卡尔坐标系让此后一代又一代的学生对着坐标图上的“x”和“y”绞尽脑汁。

笛卡尔曾在百无聊赖之际，看着一只苍蝇在墙壁和天花板之间打转，这时他突然意识到，苍蝇的运动既可以用几何描述——即其轨迹所构成的图形，也可以用代数描述——即一系列的点。他由此构建了一个“笛卡尔平面”[Cartesian plane，其名称来自“卡特斯乌斯”（Cartesius），是笛卡尔名字的拉丁化版本]，用标有数字的两条正交直线（即数轴）在平面上描述点的位置。

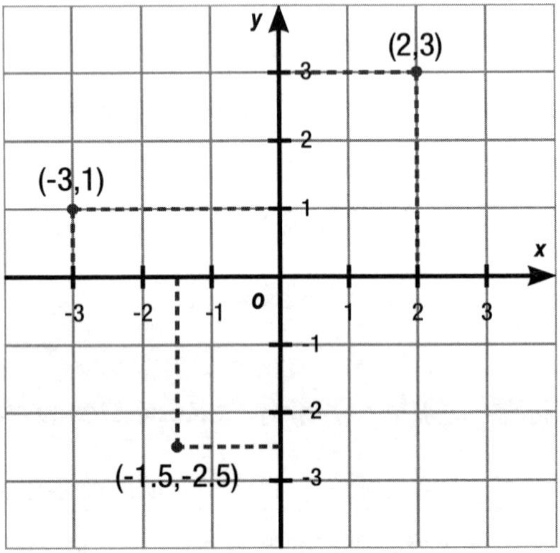

笛卡尔坐标系的正方形网格。两条数轴互相垂直，
其交点称为“原点”。原点右方和上方为正数，左方和下方为负数。
方格中任意一点都由一对坐标描述——坐标即该点
在坐标轴上与原点的距离，横坐标写在纵坐标之前。
坐标前后添加括号，原点则记作（0,0）。

他与同时期的法国数学家皮埃尔·德·费马（Pierre de Fermat）近乎同时提出了这一构想，两人就谁先提出的这一构想争论不休，为此，这两位当时最伟大的数学家从未合作过。

除了简单的图表之外，笛卡尔的发明还常用于地图图例之中，而对数学世界而言，这一发明创造了一门全新的学科——“解析几何”，并且在代数与几何之间架起了开创性的桥梁。代数的项可以表述为线或坐标，几何的图形也可以描述为代数方程。艾萨克·牛顿此后发明的微积分正是以这一方法为基础建立起来的，他本人也深受笛卡尔思想的影响。

笛卡尔还发明了用上标表示指数或幂的标记系统，例如 2^{10} 表示 2 的 10 次幂。这一标记系统在今天已被视作标准的记数方法。

勒内·笛卡尔（1596—1650）

当笛卡尔完成了他关于解析几何的理论时，他正身处一间酷热难耐的屋子中，汗流浃背。在此期间，他看到了许多幻象，指引着他将逻辑和哲学联系在一起。

作为“现代哲学之父”，他因一句“我思，故我在”（Cogito, ergo sum）而广为人知，他正是依靠怀疑一切的态度得出了这一结论。他一贯小心谨慎，“绝不会接受那些无法确切知晓其是否正确的事物”。

笛卡尔撰写他的著作之一——《方法论》（*Discourse on the Method*）时，为了让所有人都能阅读它，他特意用法语，而非当时的学术语言拉丁语进行写作。

在数学家中，也少有人能像他一样，有一座城镇以其名字命名。他出生的小镇——图赖纳地区拉艾（La Haye en Touraine）为了纪念他而更名为“笛卡尔”。

数论：皮埃尔·德·费马

从古希腊时代开始，“数论”作为数学的一个分支，在西方便不被重视，直到法国律师皮埃尔·德·费马（1601—1665）出现，这一学科才得以复兴。数论有时也被称作“高等代数”，其研究对象是数的性质与关系，而费马则是第一位只研究整数的数学家，他绝不允许自己的解答之中出现任何小数。

费马与勒内·笛卡尔几乎是同一时代的人，他也发明了一套坐标系统，因而也被视作解析几何的建立者之一。同时，他还与布莱士·帕斯卡（Blaise Pascal）合作建立了概率论。

费马师从弗朗索瓦·韦达（François Viète，1540—1603），因此坚信可以用代数方法解决数学问题。他还深受古希腊数学家启迪，其中就包括丢番图（Diophantus）。丢番图在著作《算术》（*Arithmetica*）中提出了许多定理与猜想，留待后世去寻找相应的解答及证明。与此颇为相似的则是，费马留下了许多数学谜题，却很少解释自己的证明方法。

从长期来看，费马直接影响了现代的数论；而就短期而言，他并未对当时研究数学的人造成多大的影响，因为他极少公布自己的成果，后人常常要通过他与其他人之间的通信，或是他在书籍中留下的笔记才能得知他的想法。费马最著名的猜想是费马小定理与大定理。前者是一项用于持续寻找素数的工具，可以表述为：若 p 为素数，则 n^p-n 必为 p 的倍数。后者之所以被称为“大定理”，则是因为在费马留下的所有难题都得到解答之后，这一问题近 300 年来始终无解。

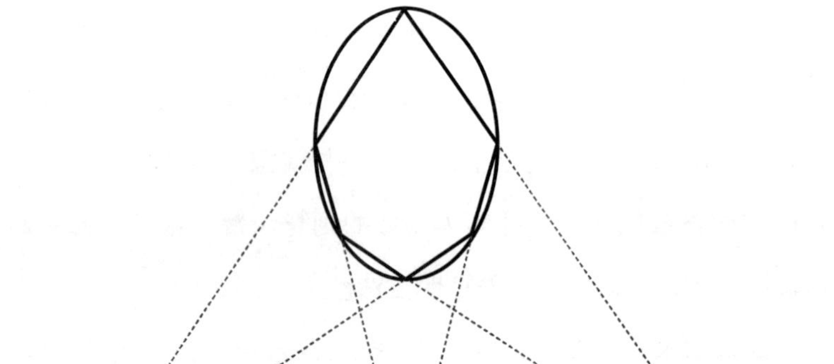

帕斯卡定理的图示：内接于圆锥曲线的六边形。

射影几何与概率论：布莱士 · 帕斯卡

17 世纪，在法国天才布莱士 · 帕斯卡的协助下，数学发展出了两个全新的分支：射影几何与概率论。他还建造了第一台机械计算机，并且以自己的名字命名了一类有趣的数列——帕斯卡三角（Pascal’s trangle）。

帕斯卡在16岁时就提出了射影几何中的帕斯卡六边形定理。射影几何是一门研究几何图形与其投射在另一平面上的射影之间关系的学科。帕斯卡六边形定理证明了：圆锥曲线内接的六边形 3 个对边的交点共线（即帕斯卡线）。

1654 年，帕斯卡解答了皮埃尔 · 德 · 费马提出的两个赌博相关的问题：掷多少次骰子才可以掷出一对“6”？如果赌博者提前结束赌局，筹码如何分配才算公平？概率论由此应运而生，人们得到了在特定情况下计算某一变量期望值的方法。

帕斯卡发明加法机（Pascaline）的初衷是帮助身为征税官的父亲。这台机器能做加减法，虽然它被视为现代计算机的先驱，但从商业的角度看，它完全是失败之作，因为它太过昂贵，使用起来又太过笨拙。

除了取得了辉煌的数学成就，帕斯卡不仅发现了以其名字命名的帕斯卡压强定律，并以此发明了液压机和注射器，还证明了真空的存在。但同时代的法国思想家勒内·笛卡尔完全无法接受这个概念，他对此回应："帕斯卡的脑子里才有大片真空。"

布莱士·帕斯卡（1623—1662）

布莱士·帕斯卡的教育是由父亲在家一手包办的。父亲认为自己的儿子在15岁之前都不应该接触数学，所以在数学领域，他起初完全依赖自学。

1654年，他转而拥抱修士的命运。从那时起，他在数学领域再无建树。1662年，他因罹患癌症而去世，此前数年内他一直在记录自己关于宗教的思考，创作了《思想录》(*Pensées*)。这本书中包含了著名的"帕斯卡赌注"(Pascal's Wager)。

二进制数：戈特弗里德·威廉·冯·莱布尼茨（Gottfried Wilhelm von Leibniz）

德国通才戈特弗里德·威廉·冯·莱布尼茨（1646—1716），因与英国科学家艾萨克·牛顿的“微积分第一发明者之争”而闻名。为此，英国的科学家曾在很长一段时间内拒绝承认莱布尼茨在科学和数学上的诸多成就。

除了发明微积分，莱布尼茨还改进了二进制体系，影响了现代世界的另一大重要领域，最终为数字革命和计算机的诞生铺平了道路。1679 年，他公开出版了《二进位数学》（*Explanation of Binary Arithmetic*）一书，他在书中建立的体系一直被沿用至今。从本质上看，二进制就是基数为 2 的计数系统，即使用 2 个而非 10 个计数符号来计数。在莱布尼茨建立这一体系之前，二进制都是用字母来表示 2 个符号，莱布尼茨引入了数字 0 和 1，并确立了二进制数位从右向左阅读的表现形式。

绝大多数人无力使用二进制快速完成计算，但它却是数字设备的基础标准，今天它对我们的重要性不亚于我们的双手。

莱布尼茨是律师、廷臣、外交官，同时还是哲学家。他抽出时间就各种话题与他人进行讨论，包括图书馆分类系统和符号逻辑等。法国作家伏尔泰（Voltaire）是牛顿的支持者，1759

年，他在自己的中篇小说《老实人》(*Candide*) 中创造的角色潘格罗斯 (Pangloss) 教授正是对莱布尼茨的戏仿。

微积分：艾萨克·牛顿

英国“自然哲学家”艾萨克·牛顿一生中最著名的成就应该是他提出的万有引力理论以及 3 条运动定律。他在物理和数学两大领域的成就是密不可分的。他在 1687 年出版的著作《原理》中除了揭示了数学的诸多方面的原理，还介绍了自己的宇宙观。他甚至就万有引力的概念列出了一道数学方程：

$$F = G\frac{m_1 m_2}{r^2}$$

1665 年，牛顿开始进行一项被后世称为“革命性进展”的数学研究——微积分，也就是对变化的研究。他尤其希望利用这一方法计算出物体下落时某一时刻的速度，以及某一特定时刻行星运动的轨迹。

他使用了一种被自己称为“流数术”(fluxions) 的运算方法，这是切线的代数表达形式，可以用它来精确描述曲线（例如轨迹）上任一给定点切线的斜率。这使他得以计算出曲线上的增量，也就是变化的大小，并揭示了导函数为函数图像上任意一点切线的斜率。此外，他还发现，变化的速率与曲线围成图形，面积的积分或总和互为逆运算。

在高等数学分析中，微积分是必不可少的工具，数学家可以由此计算面积（即积分）和某一体系中的变化量（即微分）。它的一项应用是在信用卡生成账单的确切金额之前，确定使用者的最低还款金额。

牛顿曾与德国数学家戈特弗里德·威廉·冯·莱布尼茨就对方是否存在剽窃成果的行为，以及谁首先发明了微积分这两个问题争论了很久，实际上，这两人各自独立取得了成果。虽然两人发表结论的时间相同，但运用的方法却迥异：牛顿专注于对函数求导，莱布尼茨则专注于对函数求积分以计算面积和体积。而今天的数学在计算微积分时使用的也是莱布尼茨建立的符号系统："∫"代表面积之和或积分，"dy/dx"代表求导或变化率。

牛顿做出的贡献远不止发展微积分一项，他解决了许多数学问题，并取得了很多成就，如提出广义二项式定理、牛顿迭代法求根、幂级数以及三次曲线的分类等。他为后世的数学家绘制了这一领域的地图，指明了前进的道路。

1676年，牛顿写道："如果说我看得比别人更远一些，只是因为我站在巨人的肩膀上。"

艾萨克·牛顿（1642—1727）

艾萨克·牛顿，有史以来最伟大的科学家之一，出生于英格兰的林肯郡（Lincolnshire）。1665—1666年间，他就读的剑桥大学因瘟疫而关闭，他的许多思想成果是在家中完成的。据说，也正是在那时，他被树上掉下的苹果砸到了头，由此想到了万有引力理论。

在这两年间，他取得了诸多杰出的科学成就，但直到许多年后这些内容才得以公开出版。他对批评极为敏感：1671年，他提出的关于光与颜色的早期理论未获得大众接受，于是他就开始进行有关炼金术的私人研究。他的巨著《原理》一书也是在他人的百般劝诱之下才得以出版。

牛顿在炼金术、古代历史和圣经研究等领域都有许多著作。他当选了当时的英国议会议员，改革了皇家铸币厂，并自1703年起连任英国皇家科学院（the Royal Society）主席。1705年，他受封为爵士。

代数的根本定理：卡尔·弗雷德里希·高斯（Carl Friedrich Gauss）

高斯曲率、高斯概率分布、作为磁场强度单位的“高斯”……卡尔·弗雷德里希·高斯是一位德国的全能人才，他对数学和自然科学的贡献非常多，因此获得了“数学王子”的美称。高斯不到 20 岁就取得了自古希腊以来几何学最伟大的成果，他证明了仅靠尺规便可绘制正十七边形。

1799 年，他取得了另一项重大成就——证明了代数基本定理。虽然这一定理的名称中有“代数”“基本”两个词，但是它实际上并非现代代数的基础，只是古代数学家所提出的一道难题。高斯由方程的表达创造了一类代数曲线，利用拓扑学（一类研究图形在角与边的变换下始终不变的性质的学科）进行分析，并通过将曲线外推到圆的方式完成了证明。

1801 年，他发表并出版了《算术研究》(*Disquisitiones Arithmeticae*)，这是第一本有关代数数论或“高级算术”领域的教科书。他概括了这一领域众多散乱的研究结论，针对前沿问题提出了自己的理论，并对各种概念和研究领域进行了最后的分析、总结。除了在这些领域的研究上取得了重要进展，他还引入了“≅”作为表示全等的符号。

当时的他认为，数论具有一种“远超其余数学分支的魔力”。

卡尔·弗雷德里希·高斯（1777—1855）

高斯出生于不伦瑞克（Brunswick），该城市现处德国境内。他出身于工人家庭，母亲是文盲，不记得他确切的出生日期。在他 14 岁时，母亲和教师带他拜谒了当时的不伦瑞克公爵，这位公爵资助了这位少年天才，使其不致辍学，并最终送其前往哥廷根（Göttingen）上大学。

1801 年，他确立了自己在做数学与科学研究时的基本方法：进行大量实践研究，辅以思考，再构建理论。他涉猎的学科范围较广，在众多领域都有所建树：从天文学到磁场学，以及数学的众多分支。他惯于研究某一领域，创造发明或发现规律，而后就转向研究另一个学科。他是一位真正的全才。

但就他个人生活而言，他并不喜欢改变，所以也无意进行那些能为他带来声誉的巡回演讲。他一生出版了 178 部著作，此外还写下了不少未曾发表的论文、笔记或备忘录。

三体问题与混沌理论：昂利·庞加莱（Henri Poincaré）

在建立描述太阳系运动的数学方程这一问题上，铩羽而归的天才人物不止艾萨克·牛顿一位。实际上，两个以上互相环绕的天体如何运动，以及它们为何不会相撞，一直是数学上一大悬而未决的难题。1887 年，瑞典国王奥斯卡二世（Oscar Ⅱ）设立了一笔奖金，用以奖励那些能解决这个难题的人。它被称为“三体问题”，现在也称为“n 体问题”（n 是大于 2 的整数）。

法国采矿工程师、数学家昂利·庞加莱（1854—1912）一直在探索描述太阳系稳定性的微分方程。他将问题进行了简化，只分析两个大质量天体与第三个质量小到不足以对前两者产生引力作用的天体的运动，由此他证明了的确存在第三个天体沿其稳定的轨道运行，但他无法证明第三个天体不会飘离这两个大天体。

他的研究成果极其重要，足以让他赢得这笔奖金，但他随后发现了这个方法的一个错误，这个错误意味着天体运行的轨道可能是完全混乱的：即使系统的初始状态发生了最微小的改变，也会使运动发生不可预测的极大变化。他在无意之中发现了混沌理论。

由于计算力的不足，直到 20 世纪 60 年代才有人对混沌理论进行研究。这时的计算机足以计算出系统中微小变化引起的多种不同排列方式。美国气象学家爱德华 · 罗伦兹（Edward Lorenz，1917—2008）于 1963 年首次提出混沌理论，将其应用到他提出的气候变化模型中，并创造了“蝴蝶效应”（butterfly effect）这一术语。

然而，直到今天，n 体问题仍未完全得到解决。

人工智能：艾伦 · 图灵（Alan Turing）

英国密码学家艾伦 · 图灵沉迷于数理逻辑，他设计了一个用于辨别计算机能否模拟人类智能的测试，并将其称作“模仿游戏”。

1950 年，他在一篇题为《计算机科学与智能》（*Computer Machinery and Intelligence*）的论文中提出了“图灵测试”的构想。这一测试需要三方参与：人类、计算机和人类询问者。三方先前互不相识，分别坐在独立的房间内，只依靠电传打字机互相交流。计算机会模仿人类的心智，图灵设计了一系列测试，用以观察计算机与人类的回答是否无法被区分。图灵的相关论文引起了一连串争论，其焦点在于机器能否取代人类的心智。

2014 年，一个来自俄罗斯的电脑程序通过了图灵测试，超过 30% 的人类询问者都相信“他”是一位 13 岁的男孩。

图灵在机械智能方面的研究使许多有关人工智能和人类意识的重要哲学问题出现。他在 1950 年写道：“我相信，到 20 世纪末……人们会承认机器也能思考。”虽然今天这还是一个科学幻想，但或许在不远的未来它就会成为现实。

艾伦·图灵（1912—1954）

艾伦·图灵出生于伦敦，是促进计算机发展的关键性人物；1936 年，他描述了一种能自动处理输入信息的抽象计算模型。

1938 年，图灵进入了英国政府建立的密码学校（Code and Cypher School）学习，因此在第二次世界大战爆发时，他顺理成章地加入了位于布莱奇利公园（Bletchley Park）的纳粹密码破译小组。纳粹的密码由名为恩尼格码（Enigma）的德国密码机加密，图灵在战时做出的最大贡献则是改进了一台名为“炸弹”（Bombe）的密码分析机。他最终以此破解了纳粹的密码，为同盟国做出了巨大的贡献。此外，他还进一步完善了信息与统计理论，将密码分析带入了科学的领域。

求解费马大定理：安德鲁·怀尔斯（Andrew Wiles）

英国数学家安德鲁·怀尔斯（生于 1953 年）10 岁时，在图书馆的一本书里发现了一个 326 年来无人解决的问题，这时他第一次对费马大定理产生了好奇心。直到 30 余年后，他才终于证明了这一猜想。

1637 年，皮埃尔·德·费马在他收藏的古希腊数学家丢番图的《算术》一书中，潦草地写下了这一难题。他附注说书上的空白太少，自己的证明（“一个真正绝妙的证法”）写不下。然而，怀尔斯所使用的证明方法在费马的时代根本不存在，因此许多数学家都认为，这个法国人当时应该是误以为自己完成了证明。

费马大定理可以表述为：当整数 n 大于 2 时，关于 x、y、z 的方程式 $x^n+y^n=z^n$ 不存在正整数解。

费马确实证明了 n=4 时定理成立。到 19 世纪中叶为止，一些数学家证明了 n 为许多素数时定理都成立；而后在计算机的协助下，计算结果表明当 n 为小于 400 万的素数时，该定理都成立。但要证明其对所有大于 2 的整数都成立则被认为是不可能的，或至少在现有知识水平下人们无法做到。

然而，通过 20 世纪数学家们的不懈努力，1986 年，人们证明这一定理与谷山—志村猜想（Taniyama-Shimura conjecture）可能存在联系，后者将椭圆曲线与模形式相联系。如果这一联系正确无误，那么费马方程的任意解都会创造一条非模形式的椭圆曲线，而这不可能存在。这一发现及其他新的思想，重新引起了怀尔斯对这一问题的兴趣。

1994 年，怀尔斯成功证明了新的模形式思路的正确性，进而证明了费马大定理。然而，他的证明初稿中被发现存在一处微小的错误。怀尔斯与他先前的学生理查德 · 泰勒（Richard Taylor，生于 1962 年）合作，修正了这一漏洞，并在 1995 年公开了全部证明过程。

2000 年，怀尔斯因其为解决这一旷日持久的数学难题做出了杰出贡献，而受封为爵士。

万维网：蒂姆·伯纳斯-李（Tim Berners-Lee）

计算机是从早期的计算机器发展而来的，从加法机到查尔斯·巴贝奇（Charles Babbage，1791—1871）设计的差分机，再到阿达·洛芙莱斯（Ada Lovelace，1815—1852）编写的算法和图灵提出的图灵机。英国计算机科学家，蒂姆·伯纳斯-李在此基础上又向前迈出了一步，于1989年发明了万维网（World Wide Web），证明了相互连接，形成"网络"的计算机拥有强大的力量。

伯纳斯-李在欧洲核子研究中心（CERN，European Organization for Nuclear Research）工作时，提出了有关万维网的最初构想。在他的设想中，不同的计算机将会形成巨大的网络，覆盖全球的信息空间，其中的信息向所有人开放。在当时，因特网是科学研究者和军方所使用的计算机之间的网络，但伯纳斯-李意识到，计算机使用者可以通过超文本链接"跳跃"到另一个文件，他由此可以创造一个遍布整个因特网的文件网络。

1990年，伯纳斯-李将他的构想转变为现实，他编写了超文本传输协议（HTTP，Hypertext Transfer Protocol），计算机可以遵循这一规范传输超文本文件。他还编写了超文本标记语言（HTML，Hypertext Markup Language），由此设计出超文本页面，开发了用于查看页面的客户端或浏览器，并且建立了第一个网络服务器。

他拒绝为自己的发明申请专利，因为他一直希望它能为每个人所用，并且竭力主张向所有人开放全部的互联网。1994 年，他建立了万维网联盟（W3C，World Wide Web Consortium），监督万维网的标准和发展。2004 年，他受封为爵士，并获得了世界各地高校与研究所颁发的众多荣誉。

今天的年轻人很难想象，如果没有遍布全球的，连接计算机、手机、平板电脑乃至智能手表的网络，世界会是什么样子。从任何意义上来说，伯纳斯 - 李的发明都使通讯和信息流进行了一次彻头彻尾的革新。

第三章

物理：万物构成之理

英语中的“物理”（physics）一词来自希腊语，本意为“自然”。这一学科旨在探求万事万物的性质。物理的法则即是自然的法则，纵观物理学的发展史，这门科学的主要研究内容就是寻找适用于宇宙各个部分的普遍规律——大到恒星，小到原子。而今天，物理演变为一门研究物质与能量，或粒子及其相互作用力的科学。

19 世纪末，物质世界在经典力学（或牛顿力学）体系下——即人们在日常生活中所应用的力学——已经得到了彻底的阐释。但在 1900 年前后出现了全新的研究领域——相对论和量子物理学，牛顿力学不再适用。

因此，今天的物理学被划分成了两个分支。一般来说，现代科学观念会彻底替代旧有的观念，但“现代物理”却没有完全取代经典物理学，而是与后者平等共存。经典物理学适用于我们所体验到的世界，例如声、电以及机械。现代物理学，例如量子力学、粒子物理学或相对论，则用于处理更为极端的事物：从原子中最小的已知粒子，到光速或是极大质量的物体。

早期元素论与粒子论：泰利斯（Thales）与亚里士多德

人们通常认为，物理学源自古希腊哲学家泰利斯提出的理论。泰利斯出生于公元前 624 年，是已知的首个提出迷信和信仰应该被抛弃的人，他认为人们应该用观察到的事实来解释自然现象。大概因为他常常观察水，于是提出了“整个世界由不同形式的水构成”的理论。

许多个世纪以来，泰利斯都被人们所遗忘，西方的科学家转而遵循伟大的希腊哲学家、科学家亚里士多德的学说，后者相信世间的一切物质都由 4 种元素构成——土、水、火、气。

亚里士多德的学说为基督教所采纳，因此在欧洲中世纪早期，亚里士多德的宇宙观不容置疑。直到文艺复兴时期，欧洲的科学才迎来了蓬勃发展。列奥纳多·达·芬奇（Leonardo da Vinci，1452—1519）是文艺复兴时期的一位杰出人物，他既是艺术家，也是机械工程师、发明家以及全才科学家。

牛顿力学：艾萨克·牛顿

据说，有一个苹果砸到了艾萨克·牛顿的头上，受此启发，他发现了引力。而事实则是，他一边在花园里散步，一边在沉思为什么苹果总是会径直落到地上，于是才提出了这一理论。1687 年，他在世界上最重要的科学著作之一《原理》一书中，提出了具有划时代意义的万有引力理论。这部著作中还包含了他提出的 3 条运动定律，后者成为经典物理学的基础。他的贡献不止于此，他还是微积分这一数学工具的发明者之一，在光学上也获得了突破性成果，并协助建立了调查、实验、分析的现代科学方法。

牛顿的三大运动定律描述了施加于物体的力、物体的质量与物体运动状态间的关系。其内容如下：

1. 任何物体都会保持匀速直线运动或静止状态，直到其受到外力的作用。这也被称为“惯性定律”。
2. 物体的质量 m、其加速度 a 与所受外力 F 存在以下关系：$F = ma$。动力学的计算就建立在这一方程上。它也表明了为何物体的速度会受外力影响而发生改变，以及为何相同的外力无法推动大质量的物体，却能使小质量的物体更快地加速。
3. 任何作用力都有一个与其大小相同、方向相反的反作用力。牛顿根据这一定律解释了许多现象，例如，游泳时，你向后推开水，水就会向前推动你；用手敲打桌面时，手会有疼痛感。

这些定律共同构建了经典物理学的基础，直到今日也不曾改变。

掌控闪电：本杰明·富兰克林（Benjamin Franklin）

今天，我们使用的有关电的许多术语都是由本杰明·富兰克林创造的：“电池”“电荷”“导体”以及“电工”。一直以来，“电”都被视作一种静态现象。18 世纪 40 年代的电动机能在琥珀或其他材料上生成静电火花，这一装置被用于娱乐或宴会上的魔术表演。

富兰克林认为，实验中生成的电火花与天空中的闪电具有相同的特性。他还认为，电不一定是静态的，在某种程度上，电完全可以如同流体一样，被引导着沿着固定的轨道流动。为了证明这一猜想，他做了一个极为危险的实验：将一只绑着钥匙的风筝放飞到雷雨之中。他在钥匙上观察到了火花。

富兰克林的确证明了闪电与静电具有相同的特性，并且由此发明了避雷针——一根指向天空的金属长棍，长棍连接着接地装置，将雷电流引入大地。

他是一位成果颇多的发明家，他的著名发明有富兰克林炉，以及为自己发明的双焦距眼镜。

本杰明·富兰克林（1706—1790）

富兰克林出生于马萨诸塞州（Massachusetts）的波士顿市（Boston），那里当时还是英国的殖民地。他在美国独立战争中功绩非凡，并协助起草了《独立宣言》（the Declaration of

Independence)，在战争末期同英国签订了和平条约。

富兰克林做过很多工作，并且都做得相当成功。在不同时期，他当过印刷商、记者、邮政部长、外交官、政治家，还是一位科学家和发明家。他热衷于慈善，协助建立了数个今天仍存在的机构，例如宾夕法尼亚医院（Pennsylvania Hospital）、费城联合消防公司（Philadelphia Union Fire Company）等。他坚定地支持废除奴隶制，并且认为自己的公职经历比科学成就更为重要。

蛙腿与伏打电堆：亚历山德罗·伏特（Alessandro Volta）

1786 年，意大利物理学家路易吉·伽伐尼（Luigi Galvani，1737—1798）观察到一个现象：用铜钩钩住刚切下来的青蛙腿，再将青蛙腿挂在铁质栏杆上，当青蛙腿接触到铁质栏杆时会收缩、抽搐。整个装置看上去像一个电流回路，即便其中并没有

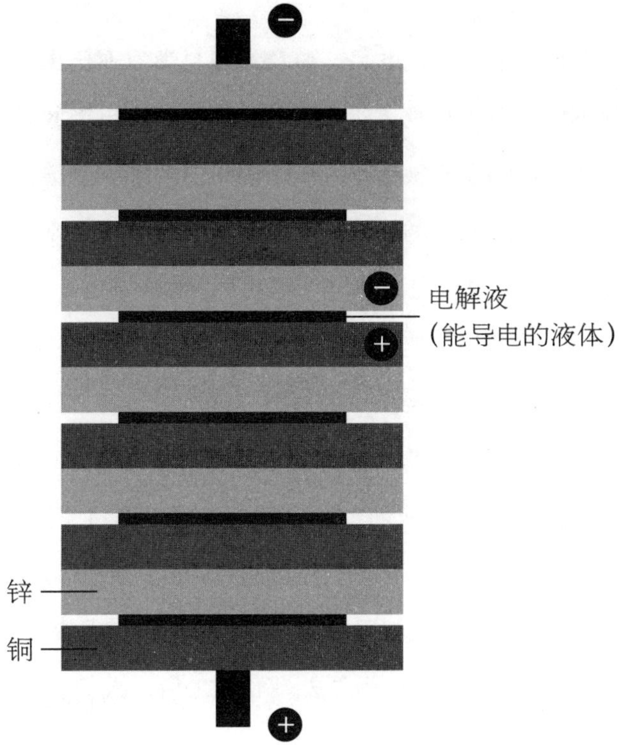

伏打电堆——人类发明的第一种电池。

运转着的电机。伽伐尼认为青蛙腿在放电，并将这种电视作某种形式的“生物电”。他认为，这股电力就储藏在动物的身体内。

然而，与他同时代的另一位意大利科学家亚历山德罗·伏特，却不同意这一理论。伏特用蛙腿，甚至用自己的舌头做实验，证明神经和肌肉被置于金属回路中时的确会抽搐，他由此联想到，将任意浸湿的物体置于两块金属板之间，都会形成一股持续的电流，这为电池的诞生铺平了道路。

伏特发明的第一座“伏打电堆”（voltaic pile），恰如其名，是由多块锌片和铜片堆积而成的圆柱体，金属片之间被浸有盐溶液或稀酸的纸、皮革和布料隔开，装置顶部和底部各有突出的电线。伏特将锌片和铜片换成其他金属，测试了这座电堆，以此证明伏打电堆确实可以产生电流。

伏特对电堆的研究仅限于此，但其他科学家很快就意识到，这是获得稳定电流的可靠方法。不久之后，人们就发现，是电堆中进行的化学反应产生了电流。汉弗莱·戴维（Humphry Davy）等人发明了用以分离化学物质的电解装置。

原子、分子与电子：阿莫迪欧·阿伏伽德罗（Amedeo Avogadro）与 J. J. 汤姆森（J. J. Thomson）

1803 年，英国化学家约翰·道尔顿（John Dalton）提出，每种元素都是由不可再分的微小粒子所构成的，他将其称为“原子”。这不禁让人回想起古希腊的朴素原子论，它很快就被亚里士多德的宇宙观所取代。从那时起，原子成为全新的粒子物理学的关键概念，物理和化学两大领域将开始从对方的学说中汲取越来越多的养分。

1811 年，意大利物理学家、化学家阿莫迪欧·阿伏伽德罗（1776—1856）提出了“分子”这一全新的概念，它是由多个原子聚集而成的粒子。虽然阿伏伽德罗提出的关于一定体积气体所含分子数的定律在很长时间内未曾被承认，但他提出的分子的概念却为科学界所广泛使用。

1899 年，英国化学家 J. J. 汤姆森（1856—1940）首次发现了电子。当时他正借助阴极射线重复一项电学实验——阴极射线有一些相当古怪的性质，它既能像电磁波一样在真空中传播，又有着某些金属和气体所具备的特性。科学家用阴极射线管研究这种射线，而汤姆森发现阴极射线在电场中会偏向带正电的一侧，这意味着它一定带负电，否则它会偏向另一侧。那时物理学家已经知道，光是电中性的，所以这种射线一定由微小的粒子构成。汤姆森利用新的电磁技术测定了这种粒子的质量，发现它比体积最小的原子——氢原子还要轻1800倍，所以这一定是一种亚原子粒子，他将其命名为“电子”。

磁场：卡尔·弗雷德里希·高斯

德国的全才科学家卡尔·弗雷德里希·高斯，除了获得了辉煌的数学成就，还在监督土地测量时发明了日观测仪（heliotrope）。1832年，他发明了磁力计。

1820年，汉斯·克里斯蒂安·奥斯特（Hans Christian Ørsted，1777—1851）确定了电与磁之间的联系。奥斯特发现，载流导线的电流会作用于磁针，改变磁针方向。由此他偶然间验证了法国物理学家安德烈-马里·安培（André-Marie Ampère，1775—1836）的发现，后者提出磁体的磁极会随着电流方向的改变而改变。今天我们应用的绝大多数电力，都是由某种形式的电磁效应所产生的。

高斯设计的磁力计由一块被金线拴着的条形磁铁构成，以此测量某地磁场的强度及方向。他与同时代的威廉·韦伯（Wilhelm Weber，1804—1891）合作建造了第一台电磁电报机，能在相隔 1.5 千米的距离内传递讯息。他通过研究磁场解决了多个数学问题，还针对这些问题写了多篇论文。

此外他还做出了一些贡献：他指出地球磁南极和磁北极的位置，解释了只存在两个地磁极的原因。

电磁感应：迈克尔 · 法拉第（Michael Faraday）

英国科学家迈克尔 · 法拉第（1791—1867）曾经只是一个装订工学徒。1821 年，他首次发明了电动机，却因此惹怒了他的导师汉弗莱 · 戴维，深恨他大出风头。直到戴维死后，法拉第才得以回到电磁领域继续工作。他首先发现了电磁转动现象：一根带电的悬浮导线会绕着被固定的条形磁铁旋转，一根一端固定的条形磁铁也会绕着被固定的带电导线运动。

他的第二项实验则意在观察，如果向两个以铁环互相连接的线圈中通入电流，会出现什么现象。第一个线圈为闭环，在导线下端平行放置一根磁针，第二个线圈与电源相连。实验结果如他预期的那样，接通开关，磁针偏转，断开开关，磁针反向偏转。他由此发现了电会以某种形式转化为磁。

综合其他实验成果，法拉第提出了“电磁感应”的理论：磁同样会转化为电。并且他证明了直流电和交流电本质相同。他还发现了电解第一定律：电解时，电极上析出或溶解物质的质量与流入的电量成正比。随后他证明了电解第二定律：物质的电化学当量（电荷）与其一般化学当量成正比。

法拉第是这一领域的先驱，他创造的术语沿用至今，例如“电极”“阳极”“阴极”等。他本人也因此声名鹊起，针对各种各样的科学问题为人们提供了建议，甚至包括伦敦的国家艺术馆画作如何保存的问题。

电磁辐射：詹姆斯·克拉克·麦克斯韦（James Clerk Maxwell）

詹姆斯·克拉克·麦克斯韦（1831—1879），一位来自苏格兰的天才，被视为有史以来最伟大的科学家之一。他涉猎极广，包括光学（他认为光是一种电磁波，这一想法启发爱因斯坦提出了相对论）以及统计学在物理学和物理化学中的应用。他还是彩色相片的发明者。

在他取得电磁学的相关成果之前，电与磁被视作粒子间的相互作用，而他则证明了，应当将电与磁理解为弥散在空间中的、由麦克斯韦方程组所定义的场。这种场的性质如下：

1. 同性电荷相斥，异性电荷相吸 [也是库仑定律 (Coulomb’s law) 中的内容]。
2. 不存在磁单极子（有北磁极必有与其相对应的南磁极）。
3. 电流可以产生磁场。
4. 变化的磁场可以产生电流。

麦克斯韦证明了电效应与磁效应只是同一种电磁力的不同表现形式。他将光描述为“一种依照电磁定律在电磁场中以波为形式传播的电磁干扰”。

这是一种看待电磁学的全新视角。麦克斯韦预言，在电磁场中还存在着其他形式的干扰，或其他形式的电磁波。事实也的确如此，科学家发现了其他类型的波，例如无线电波和 X 射线等。物理学家和化学家们很快就习惯于使用“电磁波波长”的术语来讨论各种科学现象。

麦克斯韦也是为数不多能完全理解约西亚 · 威拉德 · 吉布斯（Josiah Willard Gibbs）提出的化学热力学方法的科学家之一。麦克斯韦于 48 岁罹患癌症去世。

无线电波：海因里希·赫兹（Heinrich Hertz）

倘若德国物理学家海因里希·赫兹（1857—1894）能再多活几年的话，或许就能看到自己发现的无线电波让整个世界发生翻天覆地改变的场景，但他在30多岁时就因骨病离世了。

19世纪80年代中期，赫兹为探测电磁波开始进行一系列实验。他使用的是一个简易的桌上装置：在桌子的一端，他设置了一个由一根感应线圈、一根环形导线和一个电火花间隙构成的回路；在桌子的另一端，他又设置了一个只有电火花间隙的回路。随后他观察到，感应线圈的电流在通过第一个电火花间隙时发生放电现象，并且第二个接收回路的电火花间隙中出现了一个稍弱的火花。由此，他证明了电波的存在。

赫兹又针对这种电波（随后被称为“无线电波”）做了进一步的实验，表明这种电波在传播时可产生反射、折射和衍射的现象。

赫兹的实验设备仅能在18米的距离内探测到无线电波，但他为无线电通信的发展打下了基础。伽利尔摩·马可尼（Guglielmo Marconi，1874—1937）随后完善了设备，他于1901年发送了一条横跨大西洋的无线电信息。

X 射线：威廉·伦琴（Wilhelm Röntgen）

1895 年，德国物理学家威廉·伦琴（1845—1923）正在研究由高真空放电管发射出的阴极射线（电子流）的性质。在实验过程中，他发现在放电管工作时，放在工作台上的一块荧光屏会发出荧光。位于放电管和荧光屏之间的物体，会在照相底片上留下阴影，物体密度越大，影像颜色就越深。如果将手放在放电管与荧光屏之间，骨骼在照相底片上投下的影像颜色会比血肉更深。

伦琴将荧光屏移到邻近房间，发现放电管启动时荧光屏仍然会发出冷光流。看到如此令人惊奇的现象，伦琴得出了结论：这是一种与阴极射线迥异的射线。因为他无从知晓这种射线的确切性质，就为其取名为“X 射线”。在公布这一发现前，他进行了进一步的实验，证实 X 射线可以穿过硬纸板和薄金属片等物品，沿直线传播，并且不受电磁场的干扰。

伦琴公布了他所发现的这种有趣的新射线，并在演讲中展示了一张显示人类手部影像的 X 光片。

在伦琴公开自己新发现的几周内，许多医院就开始使用 X 射线，这种射线为医学带来了巨大变革，也在晶体学、金相学和原子物理学中得到了广泛的应用。但并不是所有人都喜欢它，美国的一份出版物中刊印了这样一首诗：

从今天起
我听说他们会注视
透过礼服、马甲——甚至胸衣
那些讨厌的伦琴射线

伦琴不愿从这一发明中牟利，他认为所有人都应该自由地使用这种射线。

量子论：马克斯·普朗克（Max Planck）

19 世纪末，物理学家们都无法解释为什么所谓的黑体辐射光谱与标准电磁学理论的预测并不相符。黑体是一类能吸收所有辐射到它表面的能量的物体或界面，恒星通常被假定为黑体。

德国理论物理学家马克斯·普朗克（1858—1947）对这一问题潜心研究多年。他提出，这种不符合电磁学理论预测的光谱，只有在一种情况下才能得到解释：能量的传输并不是如电磁学理论所示的那样是连续的，而是间断的。由此他揭示了经典物理学的一处致命疏漏。“量子”一词源自拉丁语的“数量”，指不可分割的最小的物理单位。

普朗克于1900年提出的这一理论，标志着量子理论或量子物理学的诞生，为探求现实世界的基本法则开辟了一条意义深远的道路。量子理论包含许多概念，如观察者效应，即观测实验这一行为本身就会影响实验结果；波粒二象性，即亚原子粒子也具有波的性质；以及实现量子通信等。虽然其中的某些概念听上去像是痴人妄语，但其仅仅适用于量子层面，并不会涉及日常生活。

为了用数学术语描述自己的理论，普朗克建立了以下方程：一个谐振子的能量 E（单位为焦耳），等于其频率 v（单位为赫兹）与新的常量 h（单位为焦耳 · 秒）的乘积，即 $E = hv$。而这个新常量被称为“普朗克常量”。

放射性：玛丽 · 居里（Marie Curie）

1896年，法国物理学家亨利 · 贝克勒尔（Henri Becquerel，1852—1908）在研究铀元素放出的射线时，首次发现这种元素具有“特殊活性”。铀元素放出的射线性质与X射线略相似，它们都能穿透物质。

玛丽 · 居里当时正在寻找合适的研究课题，于是决定探究其他物质是否也具有这种“独特活性”。她与丈夫皮埃尔（Pierre）一同检测了除去铀元素后的沥青铀矿，在这种废矿渣上，他们仍能检测到那种奇异的射线。这时她意识到，既然这种射线的产生无须铀元素的参与，那么就意味着一定还有其他物质具有产生射线的性质。他们将这种性质称为“放射性”。他们发现了钋（以玛丽 · 居里的祖国波兰命名）和镭这两种新元素，并且观察到这种“独特活性”是一种会对生物组织产生影响的化学性质。当时他们并不清楚，这种全新的放射性元素足以对生物组织造成致命的损伤。

放射性元素的发现激励了其他科学家进一步研究原子和原子结构。1901 年，欧内斯特 · 卢瑟福（Ernest Rutherford，1871—1937）协助发现了放射性的机理。他发现某些不稳定元素的原子会改变成另一种元素的原子，并在此过程中释放出带电的粒子。

从 1915 年起，玛丽 · 居里开始教授医生如何将镭元素应用于医学领域，以治疗关节炎、疤痕和某些癌症。她对放射性物质应用于医学领域中的研究推动了医用 X 光技术的发展。第一次世界大战期间，在她的协助下，便携的放射影像设备被带上了战场，用以确定受伤士兵体内弹片的位置。他们为这些设备取了个绰号——“小居里”（petites Curies）。

玛丽·居里（1867—1934）

玛丽·居里出生于华沙（Warsaw），当时属俄罗斯帝国。她曾就读于巴黎大学（University of Paris），1893 年以班级第一名的成绩毕业。1903 年，她因在放射性研究上取得了成果，与亨利·贝克勒尔和她的丈夫皮埃尔一同获得诺贝尔物理学奖，成为第一位获得诺贝尔奖的女性。她在很多方面都成为“第一人”：1909 年，她成为索邦大学（Sorbonne University）历史上第一位女教授，但悲伤冲淡了这份喜悦，因为她其实是接替了已故丈夫的职位；1911 年，因为发现了镭元素和钋元素，她荣获诺贝尔化学奖。这也使她成为第一位获得不同领域诺贝尔奖的科学家。

尽管成就卓著，玛丽·居里却遭受了男性科学家的不公对待，未被选入法兰西科学院（French Academy of Sciences）。可能由于接触了过多放射性物质，她因患白血病去世。她的笔记本上直到今天仍存在放射性物质。

相对论的奇迹之年：阿尔伯特·爱因斯坦

1905 年又被称为爱因斯坦的“奇迹之年”，因为在这一年中他发表了 4 篇论文，并且每一篇论文都为人们理解宇宙的本质提供了全新的思路。

第一篇论文关于光的量子理论。此前，马克斯·普朗克已经提出，能量是以量子这种微小单元的形式传输的。而爱因斯坦则认为，光是量子化的，这种基本的光量子现称为“光子”。

在第二篇论文中，他将布朗运动（Brownian motion，微观粒子所做的看似随机的运动）解释为原子运动。他与玛丽安·斯莫卢霍斯基（Marian Smoluchowski）合作提出了这一突破性理论。

第三篇论文则关于他提出的狭义相对论。他此后提出的广义相对论动摇了牛顿提出的引力场概念的地位，而狭义相对论则推翻了传统的绝对时空观念。爱因斯坦的想法是，时间与空间的状态都取决于观察者本人：不同观察者感受到的时空不同。例如，放在飞行的喷气式飞机中的原子钟，会比固定在地面上的原子钟走得更慢，因为二者所处的运动状态不同。

当年爱因斯坦发布的第四篇论文表明质量与能量可以互相转化，并列出了质能方程：$E = mc^2$；他假设物体的能量 E 等于其质量 m 与光速 c 的平方的乘积。光速是一个相当大的量，因此，极微小的质量也能转化、生成非常巨大的能量。

总的来说，爱因斯坦对科学发展的影响无法估量。他证明了牛顿物理学在质量极大、速度极高的环境下不再适用，并提供了一条观察宇宙的全新途径。

阿尔伯特·爱因斯坦（1879—1955）

阿尔伯特·爱因斯坦出生于一个有着犹太血统的德国家庭，长大后在瑞士上学，并留在当地工作。他于1901年加入瑞士国籍，并在专利局谋得了一份文书的工作。这份工作相当清闲，因此他有时间研究一些科学理论并攻读博士学位。此后不久，他去往德国的科学学术机构工作。

纳粹党在德国鼓吹反犹主义时，爱因斯坦开始出国讲课，并在 1932 年离开德国前往美国定居，于 1940 年加入美国国籍。1952 年，他回绝了以色列政府邀请他担任总统一职的请求。

爱因斯坦是和平主义者，他生前所做的最后一件事，就是号召各国领导人以和平的方式解决争端。

微波与植物生理学：贾格迪什·钱德拉·博斯（Jagadis Chandra Bose）

贾格迪什 · 钱德拉 · 博斯是一位印度发明家。在他生活的时代，他在许多方面都领先他人。他的某些思想和发现，在他去世数年之后才被科学界所接受。

博斯发现了某种波长短至数毫米的波，并将其称为“毫米波”。在对其进行测试时，他偶然制造出了一个更灵敏的无线电探测装置，以及数个在今天十分常见的微波元器件。但直到 50 年后，他所发现的短波长无线电波的准光学性质才为其他科学家所利用。而他提出的植物生理学理论在当时遭到激烈的反驳。他使用自制的高精度仪器测定植物的生长状态以及其对普通外部刺激（如光、触摸、温度）和有意地恶性刺激（如切割或有害化学物质）的反应。博斯成功地证明了植物对这些刺激的反应本质是电信号，而非人们先前所认为的化学信号。

进一步的实验则表明，噪音同样会影响植物的生长：向植株播放平静、悦耳的音乐会使植株生长速度加快，植株更为健壮；而向植株播放难听、刺耳的音乐则会抑制植株生长。

当时的科学家认为博斯的发现超出了常理，许多科学家无法接受植物在受到刺激时会做出和动物类似的反应。今天，科学家们已经完全接受了这种神经系统的反馈，但他们认为这只是一种非条件反射，没有多少人认为植物也具有完全的意识。

贾格迪什·钱德拉·博斯（1858—1937）

贾格迪什·钱德拉·博斯出生于东孟加拉（East Bengal，今属孟加拉国）。他先前在当地的乡村学校上学，后来先后前往加尔各答（Calcutta）和英国完成学业。毕业后，他回到印度，成为第一位在加尔各答大学主席学院（Presidency College，Calcutta）获得教授席位的印度人，但他的薪酬要低于同职位的欧洲人。博斯提出抗议，拒领工资，由于他在物理学的研究取得了辉煌的成果，校方最终同意为他加薪并补上先前未发的工资。

博斯坚定地认为，印度需要建立高水平的现代化科研基地。他认为知识应当成为为全人类谋福祉的工具，因此主动放弃为自己的许多发明申请专利。1917年，他因在物理学界取得了重要成就，受封为爵士。

核物理的诞生：欧内斯特·卢瑟福与尼尔斯·玻尔（Niels Bohr）

1904年，J. J. 汤姆森提出了原子的“葡萄干面包模型”，即正电荷均匀地分布在原子中，带负电的电子散布在原子中。英国物理学家欧内斯特·卢瑟福则设计了这样一个实验来验证以上模型：用带正电的 α 粒子（即氦核）轰击金箔，发现绝大多

数的 α 粒子都径直穿过金箔，一小部分 α 粒子方向发生偏转，极少数 α 粒子被反弹。

1911 年，卢瑟福提出了自己的原子模型：原子的内部有很大空间，有一个小而致密、带正电的原子核，电子在原子的边缘绕核公转，就像行星绕恒星运行一样。

仅两年后，尼尔斯 · 玻尔就对卢瑟福的模型进行了修正。玻尔应用了量子力学这一新领域的原理，提出电子只能依靠其携带的能量，在原子核周围某些特定的轨道上进行绕核运动。他通过电子绕核运动产生的离心力和电子与原子核之间的电磁吸引力计算出了这些轨道，并用光谱分析法对所得数据进行了验证。

不久之后，科学家发现，原子核实际上由两种粒子构成：带正电的质子和电中性的中子。1964 年，科学家发现，甚至这两种粒子也是由更小的粒子，即“夸克”（quanks）构成的。夸克的种类被称为“味”，具体可分为 6 “味”：上夸克、下夸克、顶夸克、底夸克、奇夸克和粲夸克。

尼尔斯·玻尔（1885—1962）

尼尔斯·玻尔在学校时，成绩最好的科目其实是体育，他差一点儿就能获得代表祖国丹麦在绿茵场上比赛的资格。

1912 年，他开始在英国的欧内斯特·卢瑟福门下工作。1921 年，在建立了自己的原子结构理论之后，他在哥本哈根（Copenhagen）建立并管理新的理论物理研究所。

第二次世界大战期间，德国占领了丹麦。玻尔有犹太血统，在 1943 年，他跟随几乎全国的犹太人一起逃往瑞典。之后，同盟国执行曼哈顿计划，负责核弹建造计划的科学家非常需要玻尔的帮助，于是他被塞进了一架被匆忙改装的轰炸机的投弹舱内，前往英国。因为他没有及时戴上氧气面罩，所以他一度昏迷，险些丧命。

玻尔不仅自己获得过诺贝尔奖，他的后代也获得过诺贝尔奖——他的儿子奥格·玻尔（Aage Bohr）获得了 1975 年的诺贝尔物理学奖。这种情况确实相当少见。

玻色—爱因斯坦统计：萨特延德拉·纳特·玻色（Satyendra Nath Bose）

1924年，一位名不见经传的印度讲师，萨特延德拉·纳特·玻色（1894—1974）收到了一家科学期刊寄出的关于他的论文《普朗克定律与光量子猜想》（Plank's Law and the Hypothesis of Light Quanta）的退信。随后，他踏出了勇敢的一步：直接将这篇论文呈递给阿尔伯特·爱因斯坦。爱因斯坦立即将这篇论文发表在一份声望卓著的科学期刊上。玻色一夜之间成为国际上的学术新星。

玻色提出了一种新的测量亚原子粒子的统计方法，由此发现了一条新的路径来推导出由马克斯·普朗克建立的黑体能量辐射方程。普朗克本人在推导方程时使用的是经典物理学方法，而玻色则完全越过这种方法，转而使用爱因斯坦提出的方法，即光量子具有波粒二象性。玻色认为，我们可以将黑体放出的能量看作某种全新的形态，这种形态像是一团由光子构成的云雾，类似由粒子构成的气体云。但他并没有把这些粒子按照统计学一一进行处理，而是根据给定的区域将这种粒子分为多个粒子团，再进行统计分析。他将这些空间称为“单元”。

这种之后被称为“玻色—爱因斯坦统计”的方法确实有效，

并且为蓬勃发展的量子物理学做出了相当大的贡献。它只适用于那些在一个原子中的同量子态或同能级的亚原子粒子，因为只有这些粒子能形成玻色—爱因斯坦凝聚态。这种类型的粒子被称为“玻色子”(bosons)，以纪念玻色研究这种粒子行为规律所取得的开创性成果。光子就是一种玻色子。与波色子相对，无法与其他粒子共享相同的量子态的粒子被称为“费米子”(fermions)，想要描述费米子的行为规律则需要运用一套完全不同的统计理论。

矩阵力学与不确定性原理：沃纳·海森堡（Werner Heisenberg）

德国理论物理学家沃纳·海森堡所取得的最著名的成就，是他于 1927 年提出的不确定性原理，即一个粒子的位置与动量不可能同时被测得，因此也不可能精确地预测粒子未来的运动路径或所在位置。与量子力学的其他理论一样，这一原理仅适用于非常小的粒子，如原子或亚原子粒子。

海森堡的不确定性原理描绘出了一个不存在因果规律与决定性的宇宙图景，科学在亚原子层面只能提供事件发生的概率，而非定论。新物理学的相关理论也指出，只有在科学家观察或测量一个行为时，这一行为才被决定，前者“固定”了后者的概率。这与经典的牛顿力学的决定论宇宙观毫无相通之处。

虽然某些科学家完全不赞成这一理论，但在 1927 年由德国物理学家提出的哥本哈根诠释中，这一理论还是被列为量子力学的理论典范之一。

早在提出不确定性原理之前，海森堡就已经提出了矩阵力学——量子力学的第一种数学诠释，他凭此在量子力学的领域留下了印记。他试图以数学方法描述原子内粒子运动所释放出的光谱线或光频率，将成果以方程的形式呈现：表示粒子位置和动量的是一个系数矩阵，矩阵的系数则是起止能级的差值。该方法应用了数组之类的标准矩阵数学形式，由此得以生成方程。

沃纳·海森堡（1901—1976）

和其他伟大的科学家一样，海森堡还是学生时就尤为擅长数学和理论物理，但应用物理却学得一塌糊涂。因为解释不出电池工作的原理，他险些没能拿到博士学位。

海森堡是土生土长的德国人。因为他的研究领域——量子力学，被纳粹党视为“犹太科学”（Jewish science）而非他们所崇尚的“雅利安科学”（Aryan science）。他与纳粹党龃龉不断，后者竭力阻挠海森堡获得慕尼黑大学（University of Munich）的教授职位。但此后不久，在第二次世界大战期间，他被带进了纳粹的核武器研究小组。在同盟国眼中，他是唯一一位有可能制造出核武器的德国科学家，因此他的名字出现在同盟国的暗杀名单上。

海森堡宣称制造核武器纯粹是天方夜谭，但目前人们仍不清楚这是否是他在有意误导纳粹。战后，他致力于研究如何和平利用原子能。他是CERN（欧洲核子研究组织）的创立者之一。

波动力学与薛定谔的猫：埃尔温·薛定谔（Erwin Schrödinger）

1925年，法国物理学家路易·德·布罗意（Louis de Broglie，1892—1987）提出，所有的亚原子粒子或许都有波的性质。数周之后，奥地利人埃尔温·薛定谔提出了波动力学，提供了一种描述粒子古怪行为的数学方法。他的方法是将粒子视为三维的波，每个波各自具备特有的波函数，这些波函数再由一个根本性的微分方程所统摄，即薛定谔方程。

薛定谔总是说，对量子力学而言，他建立的微分方程在数学上等价于沃纳·海森堡提出的代数方法，这一说法在之后得到了证明。

为了阐释海森堡提出的量子不确定性原理，也为了展示量子力学正变得多么古怪，薛定谔提出了一个或许是有史以来知名度最高的思想实验——薛定谔的猫。假设一个密封的盒子里有一只猫，盒子里还装着微量的放射性物质。在 1 个小时内，这些物质有 50% 的概率衰变，并放射出一个原子。如果衰变确实发生，这一“量子装置”就会启动，并杀死猫。但直到你打开盒子之前，你并不知道盒子里的猫是死是活。薛定谔说，在打开盒子之前，这只猫同时存在于两个宇宙，在一个宇宙中它死了，而在另一个宇宙中它还活着。直到打开盒子时，波函数才会呈现出实际的存在状态。

埃尔温 · 薛定谔（1887—1961）

薛定谔出生于奥地利的维也纳（Vienna），他的母亲是英国人，因此他既会说德语又会说英语。他起初研究的是实验物理学，他认为这为自己的后续发展打下了良好的研究基础。在他39岁那年（对于理论物理学家而言这个年龄已不算年轻），他发表了第一篇有关波动力学理论的论文。

然而薛定谔并不喜欢自己提出的新物理学的概率性本质。1926年，他转向研究生物学，投身于钻研“统一场论”这个至今未被解决的难题。他像其他一些量子物理学家一样，被东方哲学深深吸引。

原子弹：利奥 · 西拉德（Leo Szilard）与恩利克 · 费米（Enrico Fermi）

1939年，匈牙利犹太流亡者利奥 · 西拉德（1898—1964）

说服了阿尔伯特·爱因斯坦给时任美国总统富兰克林·D. 罗斯福（Franklin D. Roosevelt）写信，敦促政府立即开始研究核武器。西拉德曾在纳粹的统治下生活过，他确信纳粹在开发这种武器上绝不会落后于人。最终，美国、英国和加拿大秘密开启了曼哈顿计划，目的是开发出核武器。

当时，许多伟大的物理学家都投身于这一计划，其中包括新墨西哥州实验室的负责人 J. 罗伯特·奥本海默（J. Robert Oppenheimer，1904—1967）以及团队中最年轻的成员——出色的科学传播者理查德·费曼（Richard Feynman，1918—1988）。

早在 20 世纪 30 年代中期，西拉德就首先考虑了持续核反应的可行性，他认为中子的链式反应完全有可能实现，即迫使某种特定类型原子的原子核衰变或释放中子，进而引发自维持的链式衰变反应，每一次反应都会释放出能量。西拉德随后转向研究核裂变，即用中子轰击铀核以引发链式反应。

最初，西拉德在芝加哥大学（University of Chicago）与恩利克·费米一同工作。费米是放射性领域的专家，既证实了中微子的存在，也进行过用中子轰击原子核的实验。其他一些研究人员，如奥托·哈恩（Otto Hahn，1879–1968）和莉泽·迈特纳（Lise Meitner，1878–1968）则已经实现了核裂变。

1942 年，费米和西拉德建成了世界上第一座核反应堆，并第一次观测到了核链式反应。实验室中的链式反应被严格控制，但在核弹中链式反应则可以不受阻碍地持续进行。

这两位科学家都反对人们研制氢弹。西拉德恳求美国军方在任何情况下都不要使用核武器，他同时是军备竞赛的强烈反对者。

标准模型与希格斯玻色子：彼得 · 希格斯（Peter Higgs）

自第二次世界大战以来，人们取得了许多科学成果：以和平的方式控制并利用核能；采集太阳能；突破音障；应用激光、超导体、晶体管等。然而，进入 21 世纪之后，科学家们都清楚，不论究竟存在多少种量子粒子，日常生活中的物理现象仍能用牛顿运动定律和万有引力定律进行阐释。

1964 年，英国物理学家彼得 · 希格斯（生于 1929 年）与其他研究者共同提出，存在一种负责为物质赋予质量的玻色子，即“希格斯玻色子”。基于量子层面的波粒二象性，希格斯玻色子与量子场之间存在联系。希格斯提出的理论指出，在宇宙诞生的那一刻，能量第一次转化为物质时，量子场可能就是由这种玻色子所创造的。空间中的这种使物质获得能量的量子场被称为“希格斯场”(Higgs field)。希格斯场的假定能解释某些亚原子粒子的异常行为，也能解释粒子质量来源的根本。

自2011年起，借助位于瑞士的CERN实验室中的大型强子对撞机（世界上最大的粒子加速器），科学家们已经进行了多次实验，意在捕捉希格斯场或希格斯玻色子的踪迹。2012年，CERN宣布，他们已经找到了一种行为模式与预测中的希格斯玻色子相符的粒子。由此，希格斯玻色子的存在得到了证明。

能证明统一场、引力子等存在的证据也许就在前方，等待着未来的物理学家去探索和发现。

第四章

化学：研究元素与化合物

化学元素是构成宇宙的基石，它们是无法继续分解成其他物质的物质。氧气中只含有氧元素，铁中只含有铁元素。而对于化合物来说，氧元素和氢元素化合形成水，氧元素和铁元素化合形成铁锈。

化学，旨在研究物质的基本组成，测定物质的各项性质，观察物质对各种物理刺激的反应，以及描述物质如何结合，并尝试创造出新的物质。

在化学这一学科的历史里，既有古希腊的哲学家、中世纪的魔术师，又有爆炸的实验室、微小的原子以及量子力学。其中最广为人知的故事，当属元素周期表的发明。这是一种为元素排序的方法，全世界的化学家可以借此得知某种元素的各项性质。古人认为世界上只有 4 种元素，而元素周期表目前已经包含了 118 种元素。化学家预测，当我们进一步探究构成宇宙的基础物质时，还会发现更多新元素。

古代元素、早期科学与炼金术：希帕蒂娅（Hypatia）

在很长一段时间里，人类认为构成世界的元素仅有四五种。某些古代文明认为世界上只存在 5 种基本元素，例如，古巴比伦人认为这 5 种元素是风、火、土、海、天；古中国人则认为这是金、木、水、火、土。而经典的“四元素说”——土、水、火、风，数百年来被整个西方世界奉为圭臬；哲学家亚里士多德则在此基础上又提出了一种永恒不变的神秘元素——以太。

公元前 3 世纪前后，古典世界的学术中心开始由雅典向埃及的亚历山大港转移。又过了数百年，亚历山大港这座城市中出现了世界上第一位女科学家——希帕蒂娅。作为一名学者，她开始研究液体的性质。她可能是第一位发现同一元素的物质可以呈现出不同形态的科学家，例如水可以凝结成冰，铁受热会熔化。但直到很久之后，科学家才明白，决定物质物理形态的是物质构成微粒的排布形态。

虽然希帕蒂娅的研究范围仅局限于物质某些具体的性质，但她发明的用于测量液体相对密度的液体比重计为世人所赞叹。

在希帕蒂娅进行实验、观察实验现象和发明创造时，亚历山大港的其他人也在做着同样的事情，只是动机与希帕蒂娅截然不同。据称，在公元4世纪前后，“炼金术”在这座城市中诞生，魔术和神秘学制造出的气氛开始四处蔓延。炼金术士主要寻求的是魔法的奥秘，以及将贱金属转化成黄金的方法。

“化学”（chemistry）这个词语在英语中来源于“炼金术”（alchemy），而后者或许是“炼金术”一词的埃及古称——“肯姆”（Khem）的派生词。中东和欧洲的炼金术士不知不觉推动了化学的发展（比如人们对金属的了解逐渐加深）。他们使用的技术，例如亚历山大的炼金术士玛丽（Mary）发明的“水浴”（bain-marie）技术沿用至今。该技术可以平稳地加热物质，使物质受热均匀。

希帕蒂娅（约公元370年—公元415年）

希帕蒂娅是古埃及科学家，也是亚历山大图书馆末任馆长的女儿。起初，她于雅典求学，之后回到了她的出生地——亚历山大港。亚历山大港当时归属拜占庭帝国（Byzantine Empire）。公元400年前后，她成为一名教授哲学和天文学的教师。她是新柏拉图主义（Neoplatonist）的代表人物，也是最后一批古典学者之一。

希帕蒂娅不愿意穿传统的女性服饰，而愿穿彰显自己学者身份的长袍，这在当时颇为少见。

化学科学的诞生：罗伯特·波义耳（Robert Boyle）

中世纪后，炼金术并未消亡。17世纪的科学家罗伯特·波义耳（1627—1691）以前是一名炼金术士。然而，他也是将化学这门科学从神秘的炼金术中分离出来的第一人。

1661 年，波义耳出版了一本具有里程碑意义的著作——《怀疑的化学家》（*The Sceptical Chymist*）。他在书中建立了自己的系统性实验方法，并且对大多数炼金术士充斥着迷信、自相矛盾和神秘信仰的做法进行批判。

波义耳是一位爱尔兰伯爵的儿子，他所做的大多数实验都与气体有关。当时，人们将空气视为一种成分单一的气体，而非由多种气体组成的混合物。在听说德国物理学家奥托·冯·格里克（Otto von Guericke，1602—1686）发明了气泵之后，波义耳在格里克的发明的基础上加以改进，制造出了改良版本的气泵。他制造的气泵既可以创造真空状态，还可以控制某一容器中气体的量。他证明了空气是维系生命和维持火焰燃烧的必需物质，声音无法在真空中传播，以及空气是有弹性的。波义耳由此提出了波义耳定律，即在定量、定压下，理想气体体积与气压成反比。

在英国哲学家弗朗西斯·培根（Francis Bacon，1561—1626）爵士提出他的科学方法 6 年之后，波义耳才出生。波义耳与当时的其他人一样，开始质疑传统的四元素说。虽然化学这门科学正处在新科学开端的最前沿，但是波义耳却从始至终都偏信，贱金属可以被转化成金子。

化学革命：安托万 - 洛朗 · 拉瓦锡（Antoine-Laurent Lavoisier）

18 世纪中叶，科学家们已经发现并命名了许多新物质，例如，磷元素就是人们在对尿液进行复杂处理时被发现的。通过某些不那么“臭气熏天”的方法，科学家发现了二氧化碳（当时被称为“固定的空气”）、氢气（当时人们怀疑它为“燃素”，即支持燃烧的物质）、氮气（当时被称为“燃尽了的空气”），以及钡、钼和钨等新的金属（实际上是新的元素）。科学家也对化合物或物质如何结合有了更深刻的了解。

1789 年，法国化学家安托万 - 洛朗 · 拉瓦锡公开了一份已知元素的表格，表格上列出的元素远不止传统观点中的 4 种，而是 33 种 —— 虽然现在看来其中有些是错误的。拉瓦锡与其他科学家一同合作，设计了一套新的化学物质命名系统，它与我们今天所使用的命名系统大体相同，能反映出物质已知的化学结构。

拉瓦锡相当阔绰，他有一间设备齐全的实验室，虽然他很少在里面做实验。他能证实并且试着去解释他人的想法，这有时会招致关于优先性的争执，比如他与英国化学家约瑟夫 · 普利斯特利（Joseph Priestley，1733—1804）的“氧气发现者”之争。

拉瓦锡最大的成就是揭示了氧气在燃烧过程中所起的作用，彻底推翻了“燃素”或“空气中的热量”支持燃烧的理论。拉瓦锡利用密闭容器谨慎地进行实验，证明了普利斯特利提出的理论——“脱燃素空气”既是空气中帮助燃烧的物质，又是加热后的金属残留物在空气中吸收的物质。拉瓦锡将这种物质称作“氧气”（oxygen），意为“生成酸的物质”，因为他误以为氧气能生成酸。

拉瓦锡命名了维持我们生命的气体，建立了描述化学物质和化学方法的标准，这些都标志着他为化学带来了彻底的革命。

安托万-洛朗·拉瓦锡（1743—1794）

1789年法国大革命爆发，新政权建立，他们推行的理性政策起初受到了身为法国贵族的拉瓦锡的欢迎。他留在了巴黎，成为当地科学院的主管，并继续领导法国国家火药管理局，以确保能够实现未来的革命军队使用火药的自给自足。

然而，拉瓦锡在大革命之前是一个税收承包人，投资过名为“总农场”（General Farm）的借贷公司，该公司向政府提供借款，而后征收部分税赋以作偿还。税吏借此赚得盆满钵满，也因此变得恶名昭著。

恐怖统治的威胁很快就降临到旧政权的每一个既得利益者头上。拉瓦锡一直认为，自己作为忠诚能干的科学家必定不会受牵连，但他想错了，他和其他许多税吏都被逮捕。断头台上，他的所有科研计划、科学思考都付诸东流。

电化学：汉弗莱·戴维

英国化学家汉弗莱·戴维（1778—1829）做出的有关气体实验的报告使他获得了伦敦皇家研究所（Royal Institution）的助理研究员职位，他凭此受到上流社会人士的欢迎。

彼时的电化学方兴未艾，伏特发明的电堆刚刚问世。1807年，戴维和研究所的其他成员一同发明了一种电池，它由银和锌构成，是当时世界上功率最大的电池。戴维知道电流能分解化合物（即电解），所以将电流引入苛性钾和苛性钠层之中。安托万-洛朗·拉瓦锡将这两种物质纳入了元素表中，但戴维证明了它们实际上是化合物，因为它们各自分解生成了钾和钠。

戴维继续进行实验，发现了元素镁、钙、硼和钡。他还证明了氯也是一种元素，氯气无法进一步被分解，这一结论与一些科学家的预测不谋而合。

戴维还是安全矿灯的发明者。矿工这份职业极为危险，因为他们常常要将明火带入可能存在可燃气体的空间。戴维在矿灯的火焰四周加装了金属网，使火焰燃烧的热量不断被传导、散发，降低矿灯与外界气体接触处的温度，这样就能防止可燃气体被点燃。

原子论：约翰·道尔顿

在古希腊时期，哲学家留基伯（Leucippus）和德谟克利特（Democritus）提出了一种少有人问津的物质结构学说：宇宙是由微小的、不可分割的物质微粒构成，这种物质微粒叫作“原子”(atoms)。原子的名称来自希腊语“不可分割”。在遥远的印度，佛教徒也相信物质是由微小的基本粒子构成的。但在西方，亚里士多德提出的关于物质构成的四元素说，数千年来一直处于统治地位，直到一位英国气象学家探索到气体的本质。

约翰·道尔顿（1766—1844）想不起自己是受什么启发才提出了这个理论：气体以及其他所有元素组成的物质都由微小的

原子构成，各种原子互不相同，可以根据原子的相对质量进行区分。他还得出了以下结论：两种不同元素的原子结合后就会生成化合物，原子重排会发生化学反应。最后，他还认为，原子无法生成，也无法被摧毁。

道尔顿坚信自己的理论是正确的，因为相同体积的氢气质量要小于氧气，所以构成两种气体的基本单元必定不同。而且，即使将不同气体在容器中混合，也会扩散并形成单独的实体，所以不同气体必定是由互不相同的单元构成的。他将最轻的氢气的质量定义为“1”，接着通过测量不同气体与一定质量的氢气混合的质量，确定各种气体的相对质量。

道尔顿提出，原子会簇集并形成分子（一种极小的粒子）。他还提出，各种元素会以固定的比例混合形成化合物，例如，碳与氧以 1∶1 的比例混合后会形成一氧化碳，以 1∶2 的比例混合后则会形成二氧化碳。然而有一件事他想错了，他认为水的氢氧元素比例是 1∶1。法国人约瑟夫 - 路易 · 盖 - 吕萨克（Joseph-Louis Gay-Lussac，1778—1850）将这一比例修正为 2∶1，这推开了人们进一步研究含氧化合物化学性质的大门。

虽然今天的原子理论与粒子物理学紧密相关，但道尔顿的研究更多涉及化学领域。他指出了这两门学科之间的联系，这为近代许多综合学科——如电化学、放射学、核物理学和量子化学的诞生铺平了道路。

同分异构与有机化学：尤斯图斯·冯·李比希（Justus von Liebig）

两种分子式相同、原子构成相同的物质是否有可能具有截然不同的性质？两位德国化学家，尤斯图斯·冯·李比希和弗雷德里希·沃勒（Friedrich Wöhler，1800—1882）各自对这一问题进行了研究后给出了答案：如果分子排列结构不同的话，这是有可能的。分子层面再小的变化，都可能引起宏观层面物质性质的改变。他们发现了同分异构体（isomer）——一个由永斯·雅各布·贝采利乌斯（Jöns Jakob Berzelius，1779—1848）于1830年创造的术语。贝采利乌斯是一位瑞典化学家，他曾偶然之间建立了用拉丁缩写标注化学元素的方法（例如“Fe”来自拉丁语“ferrum”，指代铁元素）。

同分异构体分子内部的成键情况可能不同，也可能互为镜像。今天，同分异构体在药物化学中尤为常见。例如苯丁胺（phentermine）是一种抑制食欲的药物，但若将其分子进行重排就能获得强力兴奋剂甲基苯丙胺（dextromethamphetamine）。

起初，李比希对有机化学感兴趣，即研究含碳分子物质的化学，之后转向研究应用化学，尤其是化学在食物、农业和营养上的应用。1838 年，他写道："所有有机物不再只能由生物体产生。我们不但可能，而且必定会在实验室中创造出有机物。"

此后，他生产了一种肉的廉价提取物。此外，通过分析土壤，他发现了为植物施肥的最好方法，并亲自制作肥料。在此过程中，他证实了植物中所含的碳并非来自腐殖质，而是依靠光合作用产生的。

1908 年，另一位德国化学家弗里茨·哈伯（Fritz Haber, 1868—1934）发明了将空气中的氮气大规模转变为促进植物生长的肥料的方法。李比希在此基础上发明的化学武器被用于第一次世界大战。

尤斯图斯·冯·李比希（1803—1873）

李比希出生于德国的达姆施塔特（Darmstadt），他的父亲是一位化学品生产商，经营着一家商店，以及一间对李比希而言十分重要的实验室。李比希小时候常常在这里用各种化学试剂做实验。年轻的李比希为了做实验，不仅在学校里引发了一场爆炸，还破坏了家中房屋的结构。他的父母之所以决定将他送到药剂师那儿去做学徒，一方面是为了孩子的前途着想，另一方面或许是出于居住安全的考虑。

李比希 21 岁时就成了吉森大学（University of Giessen）的教授。他是一位相当激进的教师，坚称化学应当是一门独立的学科，而不仅仅是药剂学研究的一部分。或许是铭记自己幼年时闯下的祸，他极力推动实验操作守则的建立。

取代法则：让 - 巴蒂斯特 · 杜马（Jean-Baptiste Dumas）

19 世纪早期，关于分子结构广为人知的理论是，所有粒子要么带正电，要么带负电，电性相反的各部分互相吸引，因而引发了化学反应。这种“二元性”理论尤其受贝采利乌斯的拥护。

但法国化学家让 - 巴蒂斯特 · 杜马（1800—1884）却发现，用氯气漂白过的蜡烛在燃烧时会生成氯化氢酸雾，他由此得出结论：在漂白过程中，松脂油中烃类的氢会被氯所取代。他证明了在某些情况下，带正电的氢原子会被带负电的氯原子或氧原子所取代，且不造成更大的结构变化。

然而，贝采利乌斯和其他很多科学家，包括尤斯图斯·冯·李比希极力抨击这些发现，杜马因此放弃了自己的观点。但从长远来看，杜马的理论确实胜过了贝采利乌斯。

杜马的另一项成果则争议较小。他测定了经干馏的木材中各种化合物的组成，发现其中含有尿烷（氨基甲酸乙酯）和甲醇。他还通过测定气相物质的质量、温度、体积以及气压，改进了测定蒸气密度的方法，提高了 30 种元素的原子质量的测量精度，占当时已知元素的一半。

杜马同时也是有机化学研究的先驱。他与李比希一样，都是第一批坚持建立科学实验室和规范操作方法的教师。尽管已获得了诸多成就，但他仍然会利用自己在科学院中的崇高地位，肆无忌惮地打压年轻化学家，防止自己的地位受到威胁。

本生喷灯：罗伯特·威廉·本生（Robert Wilhelm Bunsen）

德国化学家罗伯特·威廉·本生（1811—1899）一生中有许多发明，也有许多发现，而其中最有名的当属以他的名字命名的煤气喷灯。1855 年，本生根据迈克尔 · 法拉第的设计制作了这一装置，推动了化学的发展。

本生所在的大学实验室设备条件欠佳，只能提供具有潜在毒性的煤气，但这给了本生灵感。他需要一种能稳定提供光和热的气体，因此设计了一种靠近底座处开有进气孔的喷灯，使得煤气和空气在燃烧前得以充分混合，形成一道高高的火焰柱；还可以调大气体的流量，生成适用于加热实验室玻璃器皿的纯净的蓝色高温火焰。

本生喷灯的蓝色火焰并不会对元素的焰色反应造成很大的干扰，所以它还推动了光谱学的发展，这门科学包括研究不同元素燃烧时火焰的颜色，以及在该过程中释放出光线的光谱。本生与古斯塔夫 · 基尔霍夫（Gustav Kirchhoff，1842—1887）使用这种方法发现了一种新的碱金属——铯。

元素周期表：德米特里 · 门捷列夫（Dmitri Mendeleev）

元素周期表是化学这一学科的核心。它将所有的元素以表格的形式排列出来，并由此展现各元素的基础性质和其所属的族。全世界的化学家都能轻松读懂这张表格。

俄国化学家德米特里 · 门捷列夫并非第一位尝试对已知

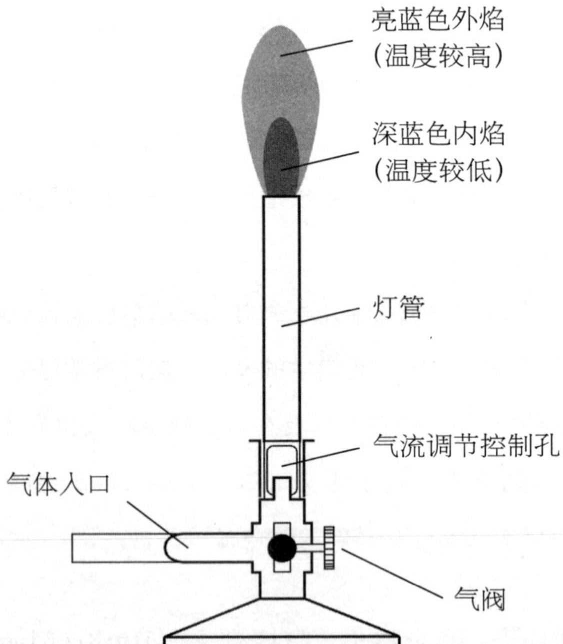

本生喷灯

元素进行分类的人。英国化学家约翰·纽兰（John Newlands，1837—1898）此前就注意到，各种元素的化学性质遵循某种模式。纽兰提出了“八行周期律”（law of octaves），即每7种元素都可以按其性质归为一类，从第8种元素开始归为新的一类。

门捷列夫提出的排列规则是按照原子序数的大小，即元素原子核的核电荷数排列元素，随后又加入了化合价作为另一个变量。化合价代表了原子的成键能力，与最外层电子数和原子序数有关。在周期表中，化合价相同的元素从上往下周期性排布，形成了竖直方向上的族。各种稀有气体元素从上往下排成一列，如卤族元素。门捷列夫提出的周期是周期表的横行，而同一纵列的元素则为具有相似性质的同一族。元素周期表上的空缺代表着该元素现今尚未被发现。

门捷列夫列出的这份表格很实用，尽管当时无人知道其原因。他当时关注的元素周期律于今日得到了解释：它与原子的核外电子数有关。

德米特里·门捷列夫（1834—1907）

门捷列夫出生于俄罗斯西伯利亚的一个小镇，他的父亲是一名教师。门捷列夫是家里 14 个幸存的孩子中最小的一个（孩子的确切数量因信息来源而有差异）。他 14 岁时便前往圣彼得堡（St Petersburg）完成学业，他一生中的大多数时光都在此地度过。1864 年，他获得了人生中第一个教授职位。

得到一大笔奖学金后，他前往海德堡大学（University of Heidelberg）留学两年。但他没有和学校里其他的化学家交往过深，而是把实验室设在了自己所住的公寓里。

1860 年，他参加了于德国卡尔斯鲁厄（Karlsruhe）举办的国际化学会议（International Chemistry Conference），并接触了有关原子质量的新思想，这些信息帮助他理清了元素的排列方式。

统计力学与热力学：约西亚·威拉德·吉布斯

19 世纪 70 年代早期，物理化学只是由零散、孤立的资料与现象拼凑而成的学科。这门学科旨在以物理定律为工具研究化学系统，并引入诸如能量、力和运动等概念与原理。该学科包括以动力学（研究运动及其动因的学科）为工具研究化学反应速率，以及观察材料所受到的力对拉伸强度或塑性的影响。

在 1875—1878 年间，美国数学家、物理学家约西亚·威拉德·吉布斯发表了一篇长达 300 页的论文——《论非均相物体的平衡》（*On the Equilibrium of Heterogeneous Substances*），这使物理化学这一学科迎来了新生。这篇论文中包含多达 700 个数学公式，对众多关于物理化学的发现加以总括和解释，同时提出了吉布斯本人的一系列观点。他察觉到，热力学这门研究热与温度、能量与功这两对物理关系的学科，在研究和阐释化学状态时或许会有所助益。

吉布斯这位天生的理论学家与詹姆斯·克拉克·麦克斯韦和路德维希·玻尔兹曼（Ludwig Boltzmann，1844—1906）一同建立了统计力学（这是吉布斯创造的一个术语），将热力学解释为大量粒子的统计性质的结果。吉布斯同时还使用统计力学分析化学物质和化学反应。

吉布斯提出了化学势的概念，即系统相与相之间粒子转移的趋势，并且对自由能进行了描述，即对热力学状态的一种衡量标准。

他的成果普通人理解起来比较困难，甚至对于其他理论学家来说也是如此。当詹姆斯·克拉克·麦克斯韦于1879年去世后，美国流传起了一个说法：世界上原本只有一个人能理解吉布斯，现在他也去世了。

生物化学与化合物合成：埃米尔·费歇尔（Emil Fischer）

德国有机化学家埃米尔·费歇尔（1852—1919）有许多重要的发现，例如他发现了糖和蛋白质的结构，确定了嘌呤（一种有机化合物）的本质。他对碳水化合物和氨基酸的描述，为生物化学这门学科奠定了基础。

费歇尔对嘌呤的研究长达17年，起因是他在1882年发现数种似乎相互间毫无关联的天然化合物存在化学联系。其中一些来自动物，例如尿酸；另一些则来自植物，例如咖啡因和可可碱（在巧克力中发现）。但它们都有一个原子团——由5个碳原子和4个氮原子构成，共用两个碳原子形成两个环。他将这种原子团命名为“嘌呤”（purine）。

费歇尔对合成化合物一直颇有兴趣，他希望自己可以证实化合物的结构，并借此生产出价格低廉的药物与食品。巴比妥类药物（Barbiturate drugs）的发明就是他的重大成果之一。他成功合成了数种嘌呤，并且对糖类进行了研究，成功合成了葡萄糖和果糖。费歇尔发现酵母酶（一种能影响化学反应而自身不受影响的天然蛋白质）只会分解具有特定结构的糖。他由此意识到，酶（enzyme）的活性由分子结构而非自身含量决定。

费歇尔还合成了数种氨基酸，并且发现了氨基酸会彼此相连形成长链。总而言之，费歇尔的诸多成果极大地推动了生理学的发展，但遗憾的是，可能因为他早年间对苯肼进行了大量医学研究，所以他罹患癌症。此外，他还深受汞中毒的困扰。所以说，早期的化学研究是相当危险的工作。

稀有气体：威廉·拉姆齐（William Ramsay）

19 世纪，从气体元素到金属元素，一种又一种新元素迅速被人们发现，然后迅速地被放到元素周期表中合适的位置上。但在 19 世纪 90 年代，仍有一类气体被孤立在外，它们似乎不会与其他任何化学元素发生反应。因为这些气体的化合价为零，所以在周期表上似乎找不到适合它们的位置。它们太过“高贵”，与其他元素“玩不到一起去”。

19 世纪 90 年代，苏格兰化学家威廉 · 拉姆齐（1852—1916）收集到了这类气体的第一例样本。他与英格兰人雷利（Rayleigh）勋爵合作，首次发现氩元素。他们发现，从大气中获得的氮气与通过化学反应所制取的氮气的密度存在差异，在分离所有已知气体之后，他们发现了极微量的新气体。这种气体被命名为“氩气”（argon），名字来源于希腊语，意为“懒惰”，因为它似乎不参与化学反应。

1898 年，拉姆齐将空气先液化再气化，收集了气化时生成的各种气体，由此他发现了几种更稀有的气体——氖气、氪气和氙气。这几种气体，再加上拉姆齐于 1895 年发现的氦气和于 1900 年发现的氡气，都具有化学惰性——不与其他元素发生反应。这些元素在周期表中被列入 0 族。

在一定条件下，稀有气体可以呈现出明亮而鲜艳的色彩。因此在今天，氖气作为稀有气体，反而比许多常见元素更广为人知。

自由能与共价键：吉尔伯特·N. 路易斯（Gilbert N. Lewis）

在约西亚·威拉德·吉布斯建立了化学热力学理论后的20年间，物理化学领域似乎没什么实质性的进展。（或许是因为吉布斯的理论实在是太难懂了！）

美国化学家吉尔伯特·N. 路易斯（1875—1946）试图填补这片空白。他测定了各种反应物的自由能，这一数值因热力学状态的不同而有差异。他还设计了实验以测定系统的熵，即无法利用的能量。他的研究成果使人们得以预测化学反应是否会进行，是否会中止，或是否会达到平衡。

路易斯还做出了一项重要的贡献，他认为原子间的化学键与原子的化合价（最外层电子数）有关。他第一次提出这项理论是在1902年，那时的物理学家才刚刚意识到，电子是以特定的顺序排列于原子核周围的。他想象中的原子是一个各顶点被电子占据的正方体，他由此提出：为了形成各个顶点都被填满的理想结构，两个原子会交换电子，并形成化学键。此后，他完善了自己的想法，并在1916年提出：化学键形成时，两个或多个原子本质上是在共享电子。这在之后被命名为“共价键理论”。路易斯将含有未被分享电子的原子或基团称作“自由分子”，今天人们将其称作“自由基”，并且会用抗氧化剂把它们赶出人体。

化学键与蛋白质结构：莱纳斯·鲍林（Linus Pauling）

美国化学家莱纳斯·鲍林当属20世纪最出色的化学家之一。他在20世纪20年代借助量子力学的理论，首度揭示了化学键的本质。与许多近代化学家相似的是，他也使用了由物理学发展而来的方法解决化学问题，并取得了诸多突破性成就。其中包括，他发现在化合物分子中，各电子的运行轨道有时是混合或杂化的。他还指出，原子间相互交换电子形成离子键，以及共用电子形成共价键，都是极端情况，真实的化学键则介于两者之间。1949年，他与研究团队揭示了镰刀型细胞贫血病在分子层面上的致病原因。

20世纪50年代，他转向研究蛋白质的结构。蛋白质体积庞大、结构脆弱且复杂，所以鲍林使用了自己独特的建模方法：首先关注大分子的构成单元（此处指氨基酸），其次探究单元之间的连接方式，最后再建立模型以验证自己的想法。

他运用X光衍射这一新技术分析蛋白质分子。X光衍射技术指X光在射入待测物后会发生分散，衍射图谱能提供反映待测物分子晶格构造的信息。

鲍林与他的团队建立了一套理论，他们认为氨基酸分子仅在其两端相连，形成紧密、牢固的结构。他还观察到了蛋白质分子的三维螺旋结构（即 α 螺旋），这是绝大多数蛋白质分子共有的结构。

但他在为 DNA 建立精确模型时却犯了错。他提出的 DNA 模型是三螺旋，比真实的形态多了一个螺旋。

莱纳斯 · 鲍林（1901—1994）

鲍林出生于美国俄勒冈州（Oregon）的波特兰（Portland）。他在 14 岁时亲眼看到了朋友的化学小装置里发生的奇妙的化学反应，从此痴迷于化学。长大后，他在家中的地下室里修建了一个实验室。他于 1917 年前往俄勒冈农业学院（Oregon Agricultural College）[今俄勒冈州立大学（Oregon Stage University）] 学习化学工程。他还在攻读研究生学位时，就被叫去为其他研究生授课，由此可见他在这一领域具有深厚的知识功底。

20 世纪 30 年代，鲍林开始专注于研究生物大分子（生物体内出现的分子）的结构，并于 1954 年获得诺贝尔化学奖。从 20

世纪 60 年代起，他致力于和平运动，呼吁科学界禁止核试验，并于 1963 年获得诺贝尔和平奖，由此成为独享两枚诺贝尔奖牌的第一人。

合成化学：艾里亚斯·詹姆斯·科里（Elias James Corey）

有机合成化学建立在埃米尔·费歇尔等人的研究成果的基础上，是一门使用简单的原料，使其发生化学反应，并生成复杂的有机化合物的学科。人们应用有机合成化学制造了许多产品，如尼龙、塑料、染料、农药以及多种药物。

合成复杂有机分子（目标分子）的传统路线是使简单易得的物质产生化学反应，形成目标产物。但化学家常常难以精准确定起始物质，或是合理规划合成流程。20 世纪 60 年代，哈佛大学化学教授艾里亚斯·詹姆斯·科里（生于 1928 年）意识到，化学界需要一种结构更清晰、更具规划性的合成方法，由此他提出了逆合成分析法。

这是一种逻辑清晰的系统化方法。先对目标产物进行分析，将其分解成较小的基团，再将较小的基团进一步分解成简单的起始物质。这样对产物和原料进行分解，就能简单、迅速、高效地构建出目标产物，而且该过程中的每一个步骤都是可重复、可逆的。

依靠这种极为有效的方法，科里的研究团队完成了100余种产物的合成，其中包括一些具有药用价值的产物，例如前列腺素以及其他用以助产、溶栓、抗过敏、抗感染和降压的类激素物质。某些物质在天然产物中含量极少，依靠逆合成分析，它们得以出现在世界各地的每一间药房或医院里。

飞秒化学：哈迈德 · H. 泽维尔（Ahmed H. Zewail）

飞秒化学的化学反应进行的速度极快，描述时只能以飞秒，即 10^{-15} 秒作为单位。化学反应处于过渡态时，分子中的各原子以极快的速率进行运动，仅需不足100飞秒就可以完成重新排列。

20世纪70年代，绝大多数科学家认为，在如此高的反应速率下，人们永远也不可能知晓反应的具体过程。但哈迈德 · H. 泽维尔（1946—2016），这位在加州理工学院（California Institute of Technology）工作的埃及裔科学家意识到，近些年人们开发出的高速激光技术，或许就是化学家所需要的"超高速摄影机”。高速激光能产生仅持续数飞秒的闪光。20 世纪 80 年代，泽维尔开始进行实验，尝试用一串激光引发化学反应，并记录反应变化过程。

泽维尔最终完成了实验的设计：他将混合物放入真空管中，用高速激光向混合物发射脉冲光束。第一道光束给予化学物质能量以引发反应，随后的光束则记录下分子发生反应时的光谱，对光谱进行分析就能了解分子结构发生的变化。

这对化学家而言是革命性的成就，无异于亲眼观察到化学键如何断裂又如何形成。化学家无须再去想象原子与分子间发生了怎样的变化，现在他们能“看到”化学反应是如何发生的，这为设计实验和预测结果都带来了巨大的便利。

泽维尔发明的技术被称为“飞秒光谱技术”，而整项研究则成为物理化学的一片新领域——飞秒化学。从药物开发到电子设计，它在多个领域都具有重要的应用价值。泽维尔则将这门学科称为“与时间赛跑的历程中最重要的成就”。

显然，不论是以水为原料搭建结构，还是制造出硅纳米管，都并非全无可能，物理学技术必定会成为未来化学研究的重要组成部分。元素周期表尚未被填满，许多化合物还未被合成。明天的“炼金术士”们仍有许多“施展魔法”的机会。

第五章

生物学：地球生命的特征

地球上的生命多种多样——从体型硕大的动植物，到肉眼不可见的微生物。这些各不相同的生命，却都要经历一个过程——新陈代谢。即通过一系列物理与化学变化，食物被转化成生长和繁衍所需的能量的过程。

从古代开始，人类就在研究各类动植物：哪些有用、哪些有害、哪些不可食用。为此他们还编撰了早期的生物分类。草药学家忙于研究植物的药用价值，解剖学家则通过解剖和观察，探秘人体和动物身体的运作方式。

15 世纪，抵达新大陆的欧洲探险家们发现了大量前所未见的物种。16 世纪，显微镜的问世使得微生物和作为生物基础的细胞为人所知。18 世纪，瑞典科学家卡尔 · 林奈（Carolus Linnaecus）发明了简单且可以通用的生物命名系统，简化了当时复杂的动植物分类体系，并奠定了当今分类学的基础。

现代生物学的发展以查尔斯 · 达尔文（Charles Darwin）的自然选择进化论为起点，人们开始着重观察生物体内诸多性状的出现与消失。遗传生物学、细胞生物学和分子生物学由此蓬勃发展，为人类对生物技术的研究奠定了基础。这类研究包括基因工程和合成生物学，大力推动了工业和医药产业的发展。从早期人们对博物学开始进行研究，到今天人们在生物学领域取得了许多实验性研究成果，这些灿烂的成就会推动人们在科学这条道路上走得更远。

生物的分类：亚里士多德

尽管古希腊学者亚里士多德在哲学领域取得的成就更为有名，但事实上，他对自然世界也颇感兴趣。亚里士多德被誉为首位伟大的生物学家。作为一位早期的经验论者，他兢兢业业地观察动植物的构造及行为，并收集了大量相关资料，还对超过 500 个物种进行了分类。亚里士多德的工作后来由他的学生泰奥弗拉斯托斯（Theophrastus，公元前 370 年—公元前 285 年）接替。

亚里士多德认为，每一个物种都有其存在的意义，并且物种一经形成，不再改变。这种观点风靡良久，直到 1859 年达尔文发表了进化论。作为生物学家，亚里士多德最大的贡献就是建立了生物分类体系。他将所有已知的生物分为两大类，即植物和动物；将动物根据栖息地分为 3 大类，即陆栖动物、水栖动物与飞行动物；同时，他也对现代意义的脊椎动物和无脊椎动物进行了区分，并以血液颜色分别为两类动物命名为“有红色血液”的动物和“无红色血液”的动物；他又将“有红色血液”的动物依据繁衍方式分为胎生动物（哺乳动物）和卵生动物（鸟类和鱼类），将“无红色血液”的动物分为昆虫类动物、软甲类动物（相当于现在的甲壳动物）和介壳动物（相当于现在的软体动物）。

此外，亚里士多德提出了早期的双名命名体系——属名和种名，即根据各种生物不同的特性，对同属之下的不同物种进行进一步分类。

这个体系自建立后盛行了 2000 年之久，为 18 世纪林奈提出的双名命名制奠定了基础。但这一方法并非没有缺陷，比如，青蛙生而有鳃，且是水栖动物，但它们也会长出肺。从这种意义上来说，青蛙理应同时归于两类：水栖动物和陆栖动物。此外，亚里士多德的想法也存在错误，例如，他认为苍蝇是从粪肥中自然产生的。

许多西方学者都对“存在巨链”（the Great Chain of Being）和“自然阶梯”（Ladder of Nature）理论深信不疑，这两种理论均从亚里士多德和柏拉图提出的等级分类体系的概念演变而来。这种理论表明，上帝居于阶梯顶端，其下是天使，国王和人类次之，再下才是动物、植物，而矿物质则位列最底层。中世纪晚期，人们坚信是上帝颁布了这套等级分类体系，因此该体系风靡一时。

显微镜下的自然：安东尼 · 范 · 列文虎克（Antonie van Leeuwenhoek）

17 世纪，在安东尼 · 范 · 列文虎克揭秘了微观世界后，欧洲科学界发生了翻天覆地的变化。

列文虎克出生于荷兰，主业是磨制透镜，其一生制作了超过 500 台显微镜。此外，他还是世界上第一位微生物学家。他制作的显微镜不同于现代拥有复合透镜或多个透镜的显微镜，而是简单、高效的放大镜。这种放大镜的放大率能达到300倍，要知道，同时期其他人所制的镜片放大率最大也只能达到30倍。

在使用过程中，将列文虎克所制的透明单透镜夹于两块金属板之间，接着将两块板铆接在一起，固定于显微镜底座上方7~10厘米处。他对自己制作显微镜的方法严格保密，但据说，他会利用球体的特性来改进图像的呈现效果，他使用的方法可能是将标本封于球状的液滴中。

他对显微镜下的微观世界十分感兴趣，他观察的对象范围相当广泛，包括植物和动物的组织、昆虫、化石和水晶。因此，他也是第一位从微观角度描绘生命的人，比如他绘制了精子活动时的场景。他的众多发现颠覆了以往盛行的理论，证明了低等生命并不是从腐坏的自然物质中自发产生的（比如跳蚤生于沙石或灰尘，粉螨生于腐烂的小麦）。列文虎克告诉人们，这类微小的生物，与更大的昆虫并无二异，同样有生命周期。

单细胞生物的发现是列文虎克的一项十分重要的成果。1674年，他在观察池塘水时写道："我发现其中漂浮着许多土黄色的微粒，上面有绿色的丝线，呈螺旋状缠绕……每缕丝线大约有人的头发那么粗。"他观察到的正是水属丝状藻（Spirogyra algae）的单细胞结构。英国皇家科学院对他的研究报告提出质疑，特地派出了一个团队去检验他的研究成果。团队中包括一名牧师、一众医师及律师。经过几番周折，列文虎克的观测结果于 1680 年得到了证实。

列文虎克还发现了细菌，并为这些小东西取了一个名字——微生物（animalcule）。他写道："水中有大量的微生物，它们都是些可爱的小家伙。最大的那种能在水中强有力且快速地移动，好似一把矛在水中穿刺。"

安东尼·范·列文虎克（1632—1723）

17 世纪的科学家普遍都受过大学教育，且家庭富裕，而列文虎克却出生于一个贫寒的商人之家。

16 岁时，他就在阿姆斯特丹（Amsterdam）的一家纺织杂货铺做学徒。当时，放大镜的用途仅是便于查看纺织品上的针脚密度，以此来检验纺织品的品质。只要将镜片固定在支架上，便能产生将观察对象放大 3 倍的效果，他由此得以领略放大原理的魅力。而真正激发他对微观世界的兴趣的，则是一本名为

《显微图谱》（*Micrographia*）的畅销书。这本书由英国科学家罗伯特·虎克（Robert Hooke，1635—1703）于1665年所著，涵盖了大量有关微小物体和微生物（如跳蚤和虱子）的研究成果，还附有栩栩如生的插图。

在读过这本书后的3年内，列文虎克开始磨制镜片，并制作了自己的显微镜。连英国皇家科学院这个现存历史最悠久的科学学会也连年详尽地发表了他的观察记录。

通用分类法：卡尔·林奈

探险家们发现了大量动植物，植物学家试图为它们命名并分类时，科学革命的浪潮拉开了帷幕。瑞士博物学家康拉德·冯·吉斯纳（Konrad von Gesner，1516—1565）根据果实对植物进行分类；意大利植物学家安德烈·切萨皮诺（Andrea Cesalpino，1519—1603）则根据种子结构对植物进行分类。当时还有大量诸如此类的分类体系。但直到生于瑞典的卡尔·林奈（1707—1778）提出双名命名法，人们才意识到建立一个既有可观测特性又能表现自然联系的通用分类法则的重要性。

得益于家中植物种类繁多的大花园，林奈 8 岁就有了“小植物学家”的称号，年仅 22 岁的他收集了超过 600 种本土植物。就连当时著名的植物学家奥洛夫 · 摄尔西乌斯（Olof Celsius，1670—1756）都对他赞赏有加，允许他拜访自己的私人书库，并鼓励他开创一个新的植物分类体系。林奈在多段旅途中收集了大量样本，还派他的学生远航探索。他的学生包括瑞典的博物学家丹尼尔 · 索兰德（Daniel Solander，1733—1782）。丹尼尔曾随詹姆斯 · 库克于 1768 年进行了环球航行，并带回了从澳大利亚和南太平洋地区采集的第一批样本。

林奈在他的代表作《植物图志》（*Species Plantarum*，1753）中使用了双名命名法（每一种生物都有属名和种名两个名字）对 7300 种植物进行了命名。所有同一属的植物共用一个简短的拉丁名，以此来反映多种植物的同一个特点，例如将一种“形同太阳的花”，取名为向日葵（*Helianthus*）。在此之前，植物被赋予一个组名，组名后是一串不实用且冗长的描述；根据不同植物学家的命名体系，植物的名称也有所差异，易引起混淆。林奈对命名的简化可以说是革命性的。举一个简单的例子，野生的犬蔷薇，原名为“*Rosa sylvestris inodora seu canina*”，而在林奈建立的体系中，则被简化为“*Rosa canina*”。

除了建立双名命名法这一重大突破，林奈还创建了阶元分类系统。在这种分类方法中，最大的等级是界（Kingdoms），界被分成许多纲（Classes），纲又被分为不同的目（Orders），下一个等级是属（Genus），最后一个等级是种（Species）。

在林奈建立的体系中，他根据植物的生殖器官（雄蕊和雌蕊）对植物进行分类，并以人类的性征进行类比。比如，如果一种植物拥有 9 个雄蕊和 1 个雌蕊，就好比 9 个新郎和 1 个新娘在一间闺房中。这种说法在当时可以说是耸人听闻。

尽管遭遇了不少阻挠，该体系最终仍得到了广泛的认可。如今，新兴的植物遗传学和生物化学技术已被广泛应用于植物分类和命名中，但林奈的成果仍是现代分类学的核心。

生命的基石：马蒂亚斯 · 施莱登（Matthias Schleiden）、西奥多 · 施旺（Theodor Schwann）和奥斯卡 · 赫特维系（Oscar Hertwig）

细胞是生物体最小的结构和功能单位。17 世纪，显微镜问世后，细胞才被人类发现。此后数年，科学家们对细胞的本质争论不休。直到 1838 年，德国科学家马蒂亚斯 · 施莱登和

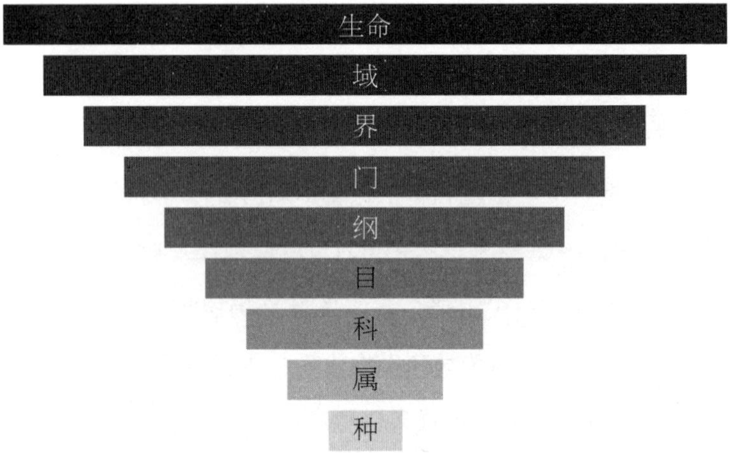

此图为现行的阶元分类系统，

在现代分类学中，人们在原来的分类系统中增加了“科”（Family）“门”（Phylum）“域”（Domain 或 Empire）3 个等级。

西奥多 · 施旺在一次餐后讨论会中首次提出了细胞学说（cell theory）。他们做出了以下推论：细胞是生物体结构和功能的基本单位；所有生物都由一个或多个细胞构成；新细胞是由已存在的细胞分裂而来 —— 并非如人们曾经认为的那样，是从无生命的物质中自发产生的。

细胞学说是现代生物学的核心理论，其地位之高，能与化学中的原子学说媲美。

施莱登是最早意识到细胞核对细胞分裂具有重大意义的科学家之一。他对细胞中名为“染色体”（chromosomes）的结构进行了细致的观察，发现该结构中含有细胞的遗传物质。

科学家们随后发现，多细胞生物可以通过有丝分裂（mitosis）的方式生成新细胞，替换死亡的细胞。“有丝分裂”的英文源自希腊语，意为“丝”。在此过程中，两个子细胞生成，遗传物质与母细胞一致。一般来说，人类一生会经历 1 万兆次细胞分裂。单细胞生物，如变形虫，则通过有丝分裂进行无性生殖，直接生成一个与母细胞相同的子细胞，即一个全新的生物体。

与无性生殖的生物不同，有性生殖的动植物使用另一种方式进行繁殖，这种方式被称为“减数分裂”（meiosis）。1876 年，德国生物学家奥斯卡 · 赫特维系（1849—1922）在观察海胆卵

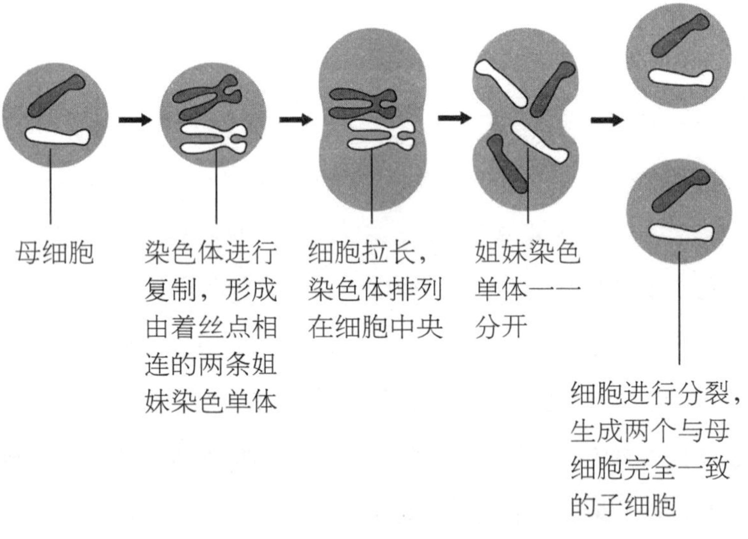
母细胞
染色体进行复制，形成由着丝点相连的两条姐妹染色单体
细胞拉长，染色体排列在细胞中央
姐妹染色单体一一分开
细胞进行分裂，生成两个与母细胞完全一致的子细胞

有丝分裂的各阶段。

的时候，首次发现了这种生殖方式。在减数分裂中，子代生于亲代的性行为。亲代为两个独立的生物体，一个雄性和一个雌性。亲代双方生殖细胞核中的染色体进行复制，并交换遗传物质。细胞继而分裂两次，产生 4 个子代性细胞或配子（雄性为精子，雌性为卵细胞）。每个配子中的染色体数量为母细胞的一半。在受精过程中，雄性和雌性的配子结合，形成一个具有亲代双方基因的合子（zygote），也称作“受精卵”（fertilized egg cell）。合子再通过多次有丝分裂，生成大量新细胞，最终形成一个后代个体。

引发革命：查尔斯·达尔文

1859 年，查尔斯·达尔文出版了一部名为《物种起源》（*On the Origin of Species*）的著作，它是科学史上十分有价值且极具争议的著作。达尔文在书中阐释了进化论和自然选择定律的内涵，从根本上否定了神创论。因为自然选择理论否定了神祇或智能创始者的存在，一些人认为达尔文的理论动摇了上帝存在的根基。

1831 年 6 月，达尔文随英国皇家海军“小猎犬号”（the HMS Beagle）进行科学考察，航行至太平洋上的加拉帕戈斯群

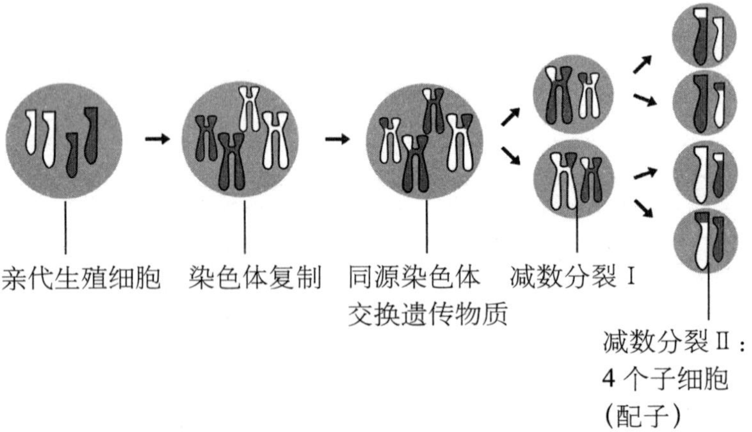

在减数分裂的过程中，生殖细胞分裂两次，并生成 4 个配子，
每一个配子都含有母细胞中一半的遗传物质。人体细胞核中
含有 23 对染色体，配子中含有 23 条单条染色体。
受精完成之后，两个配子结合，形成的 23 对染色体中，
有 1 对染色体是性染色体，它将决定后代的性别。
雌性子代的性染色体为 XX；雄性子代的性染色体为 XY。

岛（Galápagos Islands）后，达尔文在这里奠定了进化论的基础。他发现，每个岛上的海龟都存在轻微的生理差异，但这种差异并非是与生俱来的，而是为了适应不同岛上的自然环境而逐渐形成或演化出的。他的调查结果证实了演化过程的存在：地球上的生命并非某个造物主的产物，而是顺应周围环境，从简单的生物体逐渐发展而来的。

于返途中，达尔文发现了能够阐明进化论的证据，并因此推动了生物学的变革。自然选择（Natural selection）是生物进化的缘由。达尔文将自然选择与人工选择进行类比。在人工育种的过程中，育种者可以借助人工配种培育出质量更优的动植物；自然选择的过程中并无育种者，而是以生物体的生存能力和对环境的适应能力为基础，由自然过程筛选，适者生存，不适者淘汰，以此塑造单个物种的未来。竞争的思想贯穿了达尔文建立的模型，被视作进化的驱动力，也对诸如物种的灭绝和物种多样性等现象做出了解释。

阿尔弗雷德·拉塞尔·华莱士（Alfred Russel Wallace，1823—1913）提出了一个独立于达尔文的进化理论，因此他被众多学者视为自然选择理论的共同建立者之一。尽管他们的理论有相似之处，却不尽相同。比如，达尔文强调自然选择是作用于个体的，而华莱士则认为该过程作用于族群或者种群。

后续相继出现了一些与进化论有些许关联的思想。比如，在达尔文逝世1年后，他的表弟弗朗西斯·高尔顿（Francis Galton，1822—1911）从达尔文提出的理论出发，开创了“优生学”（eugenics）。这一概念的内容为：运用遗传学原理，使得个体继承更优质的特性，继而提高新生代的质量。20世纪，优生学被纳粹德国极力推崇，他们将这一概念作为追求基因“纯洁”的理论基础。自此，优生学便被污名化。

查尔斯·达尔文（1809—1882）

达尔文于1809年出生于英国的一个中上阶层家庭，后来被送到剑桥大学基督学院求学。毕业后，他以一名博物学家的身份受邀与罗伯特·菲茨罗伊（Robert Fitzroy）船长一同进行环绕世界的科学考察航行。

在英国皇家海军“小猎犬号”上，达尔文研读了查尔斯·莱尔（Charles Lyell，1797—1875）的著作《地质学原理》（*The Principles of Geology*）。詹姆斯·赫顿（James Hutton）认为，地球的年龄远比圣经学者所述更大，莱尔在这本书中对此观点进行了讨论。他的观点对达尔文产生了深刻的影响。在航行过程中，达尔文一行人进行了多次远足，地球上种类繁多的动植物深深吸引了他。1838 年，他建立了自然选择论的雏形，之后的 20 年他都投身于对这一理论的研究。意料之中，他的举动激起了基督教会成员的众怒。

1839 年，达尔文娶了他的表姐艾玛 · 韦奇伍德（Emma Wedgwood），二人共同养育了 10 个孩子。他出版了大量有关自然界的书籍，因此变得家喻户晓。他死后被葬于伦敦威斯敏斯特大教堂（Westminster Abbey）。

细菌研究：费迪南德 · 科恩（Ferdinand Cohn）

17 世纪 70 年代，安东尼 · 范 · 列文虎克发现了细菌的存在，引发了欧洲众多国王和王后的好奇心。然而，直到 200 年后，人们才对这些小得出奇、长度不过几微米（人类头发直径的几分之一）的单细胞微生物有了充分的了解。

费迪南德·科恩是最早一批发现细菌有不同种类的科学家之一。1872年，他提出了细菌的分类体系：球菌（sphaerobacteria）、杆菌（micro-bacteria）、丝状菌（desmobacteria）和螺旋菌（spirobacteria）。他发现不同类别的细菌具有不同的特性，这也为之后科学家提出的细菌能够导致传染性疾病的理论奠定了基础。正是在科恩的协助下，罗伯特·科赫（Robert Koch）才得以找到炭疽病（anthrax）、霍乱以及结核病的细菌病原体。

1876年，科恩描述了枯草芽孢杆菌（Bacillus subtilis）的整个生命周期，并首次发现，细菌处于高温环境中，会生成芽孢（endospores）以抵抗高温。高温沸煮能杀死许多细胞，但芽孢能忍受高温，当环境再次变得适宜（比如，温度下降到室温），孢子便能萌发，形成新的细菌。因此芽孢的存在是当今食品产业的一大难题，生产食品时必须清除芽孢，或使用特定的保存方法防止其萌发。

费迪南德·科恩（1828—1898）

费迪南德·科恩生于德国西里西亚（Silesia）的首府布雷斯

劳（Breslau）[今波兰弗罗茨瓦夫（Wroclaw）] 的犹太人社区。科恩可以称得上是一个神童：他不到两岁便能阅读文字，14 岁便升入大学。但由于他的犹太血统，他的学士学位被扣留。或许也是因为他的犹太人身份，他无法在柏林获得教学职位。

科恩的父亲，一个较为成功的商人，送给他一台昂贵、高品质的显微镜，自此，他沉迷于微观世界不能自拔。当时，他年仅 19 岁，却已经成为植物学博士，并于布雷斯劳大学（University of Breslau）获得了教学职位。这个显微镜成了他爱不释手的研究器材。1859 年，他被任命为植物学副教授。1870 年，他已然是当时最著名的细菌学家之一，大量的学生和年轻的科学家参加他的讲座。他被人们视为细菌学科的奠基者之一。

基因之父：格雷戈尔 · 孟德尔（Gregor Mendel）

在奥地利植物学家格雷戈尔 · 孟德尔开始研究遗传学之前，细胞中的微小单位（现被称为“基因”）是如何将生物性状传给子代的，一直是个谜。

亚里士多德认为，生物性状是通过血液传给下一代的。与这一想法类似的是，法国的生物学家让·巴蒂斯特·拉马克（Chevalier de Lamarck，1744—1829）认为，长颈鹿的长脖子性状是血液中携带的。

究竟哪些性状会在子代身上表现出来，人们对此疑惑不解。一个主流的观点是，子代会中和亲代的性状。比如，父母一方是高个子，一方是矮个子，后代的身高会取父母双方身高的中间数，不高也不矮。但如果按照该理论所述，一段时间后，子代的身高将会趋于平均，而事实并非如此。

孟德尔强烈的好奇心驱使他解开这些谜题。但迫于出身农户，家庭能够给予他的学习经费十分有限。囊空如洗后，他进入布尔诺（Brno，今捷克境内）的奥古斯丁修道院（Augustinian abbey）工作。院长不仅资助他完成大学学业，还鼓励他在修道院的花园里开展植物实验。在整整 8 年内，孟德尔培育和杂交出数以万计的豌豆，不厌其烦地对这些豌豆进行计数和分类，企图弄明白遗传性状是如何从亲代植物传给子代的。

他对比了各代豌豆的性状，如茎高（高茎或矮茎）、花色（紫色或白色）和豆子的颜色（绿色或黄色），发现子代总是呈现每组相对性状中的其中一种性状，而不会出现混合性状。比如，子代豌豆的花色只有紫色和白色两种，而不会出现混合花色。

经过多次培育，他观测到，每一组相对性状中都有一个显性性状。比如，第一代豌豆的豆子总是呈黄色（显性性状），第二代豌豆的豆子中黄色性状仍占主导地位，在数量上与绿色性状呈现 3:1 的比例。近似的比例也会出现在之后子代的性状中。

1866 年，孟德尔发表了他的结论，现被称为“孟德尔遗传定律”。尽管他只使用豌豆进行过实验，但他推测该规律适用于所有生物。其中，根据孟德尔第一定律，即分离定律，显性性状和隐性性状是随机从亲代传递给子代的。该理论否认子代会中和亲代的性状，颠覆了人们原先对遗传的设想。根据孟德尔第二定律，即自由组合定律，相对性状是独立传递给子代的。比如，豌豆的花色为紫色，并不会对豆子的颜色是黄色还是绿色造成任何影响。

孟德尔定律用现代术语可以解释为，决定生物特定性状（如豌豆颜色）的基因，表现为等位基因，这些等位基因是显性或隐性的。每个可遗传的性状都由一对等位基因决定。在减数分裂产生配子（即生殖细胞）的过程中，每个性状的等位基因对各自分离，因此配子中只会携带一对等位基因中的一个。在受精过程中，携带数个等位基因的配子随机结合，使得子代能够分别从亲代中继承一个等位基因。等位基因的显性和隐性决定了子代呈现的性状。显性等位基因即使与其他的等位基因相结合，也能决定生物的性状，而对于隐性等位基因来说，只有在两个相同的隐性基因相结合时，才能决定生物的性状。一些遗传性疾病，如囊状纤维化（cystic fibrosis），是由隐性等位基因决定的，也就意味着患者父母双方都有该隐性致病基因。

孟德尔的研究成果在他生前一直被世人所忽视，直到 20 世纪初期才得到重视，并为后来的科学革命——遗传学的发展奠定了基础。他提出的遗传理论深刻影响了科学家们对众多领域的研究，诸如进化论、生物化学、医学和农业等，同时也为现代科学，比如基因工程，夯实了基础。

开拓性的遗传学：托马斯·亨特·摩尔根（Thomas Hunt Morgan）和芭芭拉·麦克林托克（Barbara McClintock）

紧随格雷戈尔·孟德尔的脚步，美国生物学家托马斯·亨特·摩尔根（1866—1945）借助果蝇实验开创了染色体遗传理论。根据该理论，基因是真实存在的物体，位于名为“染色体”

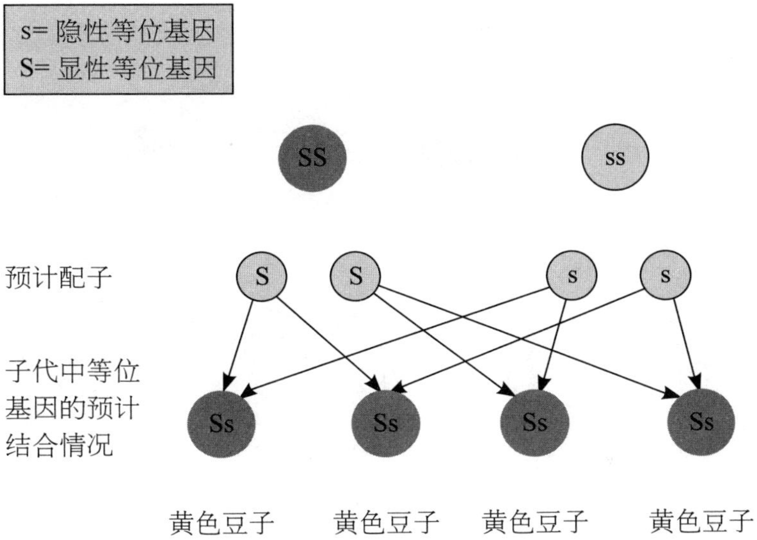

孟德尔的一代杂交试验：

即使携带绿色豆子的隐性基因，所有子代豌豆的豆子也都是黄色的。

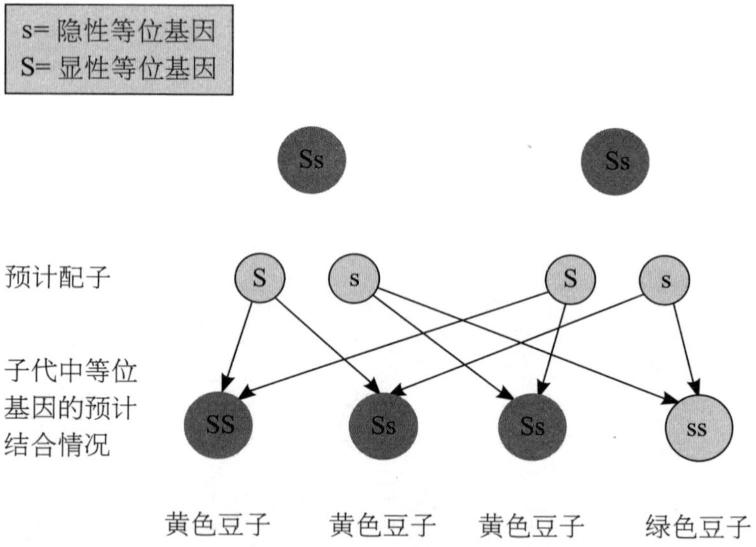

孟德尔的二代杂交试验：

大多数子代豆子中黄色豆子与绿色豆子出现的比例为 3:1。

的线状蛋白质结构中。在减数分裂（生殖细胞的分裂）的过程中，染色体之间互换片段，这一过程被称为“基因重组”（genetic recombination）。

遗传信息的重新排列对于维持基因的多样性至关重要。这个过程不仅能解释同一亲代的不同子代个体之间的差异性，还能确保各代中都能形成新的基因组合，以供自然选择这一过程筛选出对环境适应性最强的个体。而无性繁殖的生物则不具有这样的优势，而是依靠偶发性的基因变异做出适应性改变，因此无法迅速适应环境的变化。

摩尔根的研究比孟德尔更进一步。他发现，部分在同一条染色体上，被称为“连锁基因”（linked genes）的毗连基因能够同时传递给子代。换言之，孟德尔第二定律，即自由组合定律，并非适用于所有的情况。而正是连锁基因的存在，使得某些性状，如色盲，在同一个家族中世代相传。

20年后，美国科学家芭芭拉·麦克林托克（1902—1992）专注于研究玉米的遗传物质。她对比了亲代和子代植株的染色体，发现子代的部分染色体存在易位的现象。这一结果推翻了当时被人们广泛接纳的理论——基因于染色体上的位置是固定不变的。这些“转座因子”（transposable elements）或“跳跃基因”（jumping genes）能够使染色体上储存的基因指令发生突变或永久性改变。

麦克林托克获得的开创性研究成果表明，染色体结构的变化，特别是那些控制正常发育和日常功能的细胞中的染色体结构的变化，会改变染色体中储存的基因指令，从而引发癌症等疾病。

破解 DNA 的密码：弗朗西斯 · 克里克（Francis Crick）和詹姆斯 · 沃森（James Watson）

1871 年，瑞士生物学家约翰内斯 · 弗里德里希 · 米歇尔（Johannes Friedrich Miescher，1844—1895）首次分离出了 DNA（脱氧核糖核酸）。然而，这个对生命举足轻重的分子结构，直到 80 年后才为人类所知。DNA 分子是染色体的主要成分，存在于动植物的细胞核中，发挥储存基因指令和遗传信息的重要作用。基因是有遗传效应的 DNA 片段。

20 世纪 50 年代初期，英国物理学家弗朗西斯 · 克里克（1916—2004）和美国遗传学家詹姆斯 · 沃森（生于 1928 年）展开了对 DNA 结构的研究。当时人们已经知道，DNA 分子由 4 种名为核苷酸（nucleotides）的简单分子组成，核苷酸的含氮碱基分别为腺嘌呤、胞嘧啶、鸟嘌呤和胸腺嘧啶。其中，胞嘧啶和鸟嘌呤的数量相等，腺嘌呤和胸腺嘧啶的数量相等。

克里克和沃森将每一种核苷酸都用纸板做成了模型，试图弄明白它们结合在一起的方式。沃森很快意识到，碱基只能以某种特定的方式配对：腺嘌呤与胸腺嘧啶配对，胞嘧啶与鸟嘌呤配对。此外，他们在罗莎琳·富兰克林（Rosalind Franklin，1920—1958）制作的DNA的X射线图像中收获了另一条关键线索：DNA为螺旋结构。但这些图像是他们从朋友莫里斯·威尔金斯（Maurice Wilkins，1916—2004）那里获得的，罗莎琳本人并不知情。

基于这些数据，他们终于破解了DNA的结构：两条链反向平行盘旋，形成双螺旋结构。碱基对如同梯子中间的阶梯一般，连接着这两条链。

克里克和沃森于1953年公布了DNA模型。模型一经公布，遗传信息复制和代代相传的机制便浮出水面：碱基只能以某种特定的方式配对，因此在细胞分裂的过程中，其中一条链上的核苷酸序列可以作为模板，以匹配另外一条互补链。

20世纪80年代，沃森成为人类基因组计划（HGP）的领军人物。这个国际项目的开发旨在破译人类的“遗传密码”（基因组）。2000 年，美国遗传学家及商人克莱格 · 文特尔（Craig Venter，生于 1946 年）成立了一家商业驱动的研究公司，与政府资助的人类基因组计划组织成员共同发布了一份人类基因组序列的“粗略草图”，又于 2003 年公布了完整的基因组序列。这标志着人类基因组中 30 亿个 DNA 碱基对第一次被读取并被精准测序。现代科学家已经得知，人类大约有 2 万 ~2.5 万个基因（比黑猩猩多一些）。

值得注意的是，这个结论并非基于某个特定个体的基因组而得出的，而是一群匿名捐赠者的基因组的综合。所有人类个体的基因序列都是独一无二的，所以基因指纹技术才有了用武之地。自 20 世纪 80 年代以来，基因指纹技术一直被广泛应用于法医科学中，发挥识别人类个体身份的巨大作用。

危险的遗传学：保罗 · 伯格（Paul Berg）

保罗 · 伯格（生于 1926 年），美国生物化学家和分子生物学家。他创造了一种基因重组的方法：将一种生物体的遗传物质，人工植入另一种生物体的基因组中。这便是基因工程的开端。这种方法被广泛应用，但其中一些应用却饱受争议。

20 世纪 70 年代，伯格一直在研究为什么有的细胞会自发地

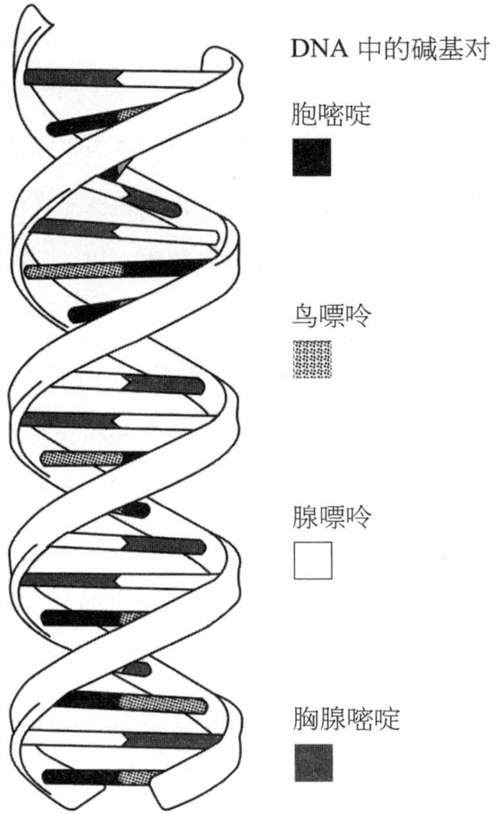

DNA 的双螺旋结构。

变成癌细胞。他认为，癌细胞可能源于癌症基因与细胞生物化学结构之间的相互作用。为了验证自己的想法，他决定将癌症基因植入一个简单的单细胞生物——细菌中，并观察实验现象。他设想，如果将癌症基因与能够进入细菌内部的遗传物质相结合，他就能使癌症基因“偷渡”进细菌体内。噬菌体，一种已知的能够侵袭细菌的病毒，便成了合适的选择。他最终选择了常在实验室中使用的大肠杆菌的噬菌体，与一种能在猴子身上引发癌症的 SV40 病毒来进行实验。

他采用了一种“切割与拼接”的方法：先使用一种酶在噬菌体的 DNA 双链上切割下需要的片段，然后再使用另一种酶在其中一条链上添加一些片段，形成一个较长的“黏性末端”，最后，将这条 DNA 与经过类似手段处理过的 SV40 猴子病毒 DNA 相连。这种方法奏效了：他成功地将这两条 DNA 结合了起来，创造出一个混合的“DNA 重组分子”。

但没过多久，他自愿终止了自己的研究。因为他发现，大肠杆菌噬菌体时而会与其他细菌交换遗传物质，这些细菌囊括了一些会引发人类疾病的细菌。倘若他贸然将这些重组的 DNA 分子植入细菌中，一旦发生泄漏和扩散的情况，后果不堪设想，甚至可能会引发一场医学灾难。

1974 年，伯格呼吁人们，在有能力应对危机之前，暂停对基因工程的研究。第二年，来自世界各地的 100 名科学家于一场会议中共同商定了一项有关基因工程的指导方针，并规定，倘若某种生物从实验室中泄漏后能够在人体内生存，那任何与之相关的基因工程实验都将被禁止。

DNA 重组主要被应用于基因治疗和一些饱受争议的转基因作物的生产中。此外，它还促进了胰岛素、人类生长激素（调节个人生长的激素）和一些抗生素的生产。

伯格因其在生物化学和基因工程方面取得的重大成就，以及对科学负责任的立场与行为，在科学界享誉多年。

RNA 的催化作用：西德尼 · 奥尔特曼（Sidney Altman）

在加拿大—美国分子生物学家西德尼 · 奥尔特曼（生于 1939 年）踏入科研之路前，DNA 或遗传信息是如何被传递到活细胞中，并指导生物体的生长过程，一直是个谜团。当时主流的观点是，核酸，比如 RNA（核糖核酸），只是 DNA 的遗传密码的携带者，它能够引发酶的生成，而酶才是细胞中重要的生物、化学反应的催化剂。

但奥尔特曼和他的团队发现了确凿的证据，证实是 RNA 本身促进了生物、化学反应。RNA 也可以像酶一样发挥催化的作用。

奥尔特曼和托马斯·罗伯特·切赫（Thomas Robert Cech，生于 1947 年）的研究成果加深了我们对生命起源和发展过程的理解：核酸是生命的重要基石，它不仅是生物的遗传密码，同时还能发挥催化的作用。

这一研究结果具有不可估量的、积极的医学意义。终有一天，在为癌症患者或艾滋病患者切除异常的感染性基因序列时，RNA 会发挥举足轻重的作用。

环保运动：蕾切尔·卡逊（Rachel Carson）

美国生物学家、生态学家和科普作家蕾切尔·卡逊在她创作的极具影响力的《寂静的春天》（*Silent Spring*，1962）一书中，直观地为人们展现了农药污染对自然界的破坏性影响。她几乎以一己之力掀起了现代世界级环保运动的浪潮。她敲响的"警钟"催生了许多野生动物保护组织，也激励了新一代的环保主义者。

卡逊首次提出以下理论：农药能杀死杂草、害虫，但与这些功效相比，它的不良影响更为广泛：它会毒害其他物种的食物来源，有时甚至会杀死使用农药地区所有的昆虫、鸟类、鱼类和野生动物，并能滞留于土壤中，造成持续性影响。卡逊将这种化学品称为“生物杀灭剂”(biocides)，并列举了自20世纪40年代以来人们研发的200多种杀虫剂与除草剂，它们在当时被美国民众广泛使用。

作为整体性概念的开创者，她强调人类也是自然的一部分。人类的这些破坏环境的做法，在损害其他物种健康的同时，也在损害自己的健康。她表明，杀虫剂对环境的不良影响深刻且持久，后续终会污染人类的食物链。

卡逊并不是反对人们在农业中使用化工制品。她只是认为，在尚不明晰这些新研发的杀虫剂会为环境带来何种影响时，不管从科学的角度考虑，还是从道德的角度考虑，不加选择地大规模使用它们都是不合适的。就像往海里倾倒核废料一样，这些行为都是缺乏对长期影响的考量的结果。针对这些行为，卡逊说：“现在犯下的错误永远也没办法弥补。”

其所著的《寂静的春天》一经出版，立刻引发了公众激烈的讨论，从而迫使美国政府深入调查这一问题。1963年，联邦政府的一个咨询委员会大力呼吁人们深入研究滥用杀虫剂可能导致的健康问题。

最终，包括DDT（双对氯苯基三氯乙烷）在内的数种人工杀虫剂在美国被全面禁止使用，许多国家也颁布了人工杀虫剂的使用限制条例。卡逊不仅间接推动了美国环境保护局的成立，还使民众了解了诸如“生态系统”等概念。这些概念如今已经成为日常用语的一部分。

蕾切尔·卡逊（1907—1964）

蕾切尔·卡逊生于宾夕法尼亚州（Pennsylvania）的一个名为斯普林代尔（Springdale）的河畔小镇。她的母亲一直鼓励她去亲近自然。她起初是一名海洋生物学家，后来成为一名生态学家。在她整个职业生涯中，工作不仅是职业，更是她的爱好。

卡逊先后研读了英语和动物学，此后她在美国渔业局（后来的鱼类和野生动物管理局）工作了数年，成为当时第二个在美国渔业局获得全职专业工作的女性。

为创作《寂静的春天》一书，她主动从美国渔业局离职。这本书唤醒了世人对工业和农业污染危险性的重视，书名传神地描绘了这样一幅图景：人工化学农药破坏了自然界的生机，徒留一片荒凉的大地。

当时，美国人普遍相信科学完全是正向的力量。卡逊的研究成果则证明了科学进步也会对环境造成负面影响，这一结论使很多人十分震惊。

受卡逊的影响，对环境污染和人类健康关系的科学研究方兴未艾。不幸的是，卡逊所患的乳腺癌后来被证实可能是由环境污染引发的。

第六章

人类与医学

面对未知的疾病，史前人类寄希望于精神仪式（spiritual rituals）和巫医，以求驱逐病痛。同时，他们也流传下来许多十分实用的医学知识，诸如保持健康的措施和哪些植物具有治疗疾病的功效等。考古学家发现，史前人类留有大量遗体处理和墓葬仪式的痕迹，这证明他们对人体骨骼和内部器官结构已经略有所知。此外，一些遗迹甚至表明他们曾进行过手术：在一个公元前 10 000 年左右的遗迹中，人们发现了施行环锯术（trepanation）的痕迹，这是一种在颅骨上开洞，以求缓解头痛或治疗精神失常的手术。

虽然在中国和印度，人们都发展出了早期的医疗体系，但最早的医疗实践见于古埃及文献，文献中记载了古埃及人在治疗精神疾病方面取得的重大进步。随后，古希腊人汲取了他们的研究成果，在此基础上提出了自己的理论：大脑才是人体的控制中心，而非古埃及人所述的心脏。

罗马帝国陨落后，欧洲进入了黑暗时代（Dark Ages）。教会严令禁止进行人体解剖，这大大阻碍了医学的进步。但同时，外科医生在与教会接连不断的斗争中经受了严苛的考验，他们的医术在这一过程中大大提升。后来，通过阿拉伯人的传播，古埃及与古希腊的科学、医学知识再一次被引进欧洲。随着“病菌引起疾病”这一关键理论的提出，欧洲迎来了医学领域的重大突破。

首例医学实践：古埃及

公元前1800年左右，古埃及人在纸草文献（papyrus documents）上记载了他们先进的医疗实践过程，这些内容令人叹为观止。荷马（Homer）在《奥德赛》（*Odyssey*，约公元前700年）中写道：“埃及人在医学领域的技能，达到了在其他任何领域中难以企及的高度。”希腊历史学家希罗多德（Herodotus）在公元前 440 年左右行至埃及时也写道："埃及的医生地位颇高，深受各地统治者青睐。"

古埃及人坚信，神创造并掌控着生命，而邪恶的神和魔鬼则会阻遏身体各部分的正常运作，阻塞身体中的"管道"，进而引发多种疾病，就像尼罗河的淤塞会损害农作物一样。在他们看来，身体中的管道运输着空气、水和血液，而心脏是肉体的控制中心。作为古埃及人眼中的智慧之源，心脏受到了特殊的对待：在制作木乃伊时，防腐师会将心脏留在尸体中，为亡魂的来世做准备。与这一过程形成鲜明对比的是，尸体的大脑会被防腐师用铁钩从鼻孔中取出，脑浆也会从头骨中被冲洗干净。

基于这种认知，古埃及的医护人员均须接受培训，学习如何疏通身体中的"管道"以获得治疗效果。他们会先对病人进行检查，然后做出诊断，并提出具有可行性的疗法和建议，比如，使用泻药"疏通堵塞"，利用均衡的饮食结构保持健康等。大部分记录在案的疗法在如今看来是无法起到治疗效果的。不过，也有一些疗法，诸如一些使用霉菌进行的治疗，能够发挥一些正向作用，但同时也伴随着一定的感染风险。

古埃及的医护人员也具备接续断骨、缝合和包扎伤口的能力。但在当时，他们只拥有一些杀菌的草药，所以这类的手术存在巨大的风险，且手术过程痛不堪忍。

医学——古希腊的理性科学：阿尔克米翁（Alcmaeon）和希波克拉底（Hippocrates）

古希腊人学习了来自古埃及的医学知识，并发展出了一套自己的医疗体系。

生于克罗顿（Croton）的阿尔克米翁是早期解剖学的先驱。他解剖了大量动物，并得出结论：大脑才是感觉和思维的控制中心，而非心脏。希波克拉底则是记载中第一个将病症与宗教、魔法和迷信分离开来的人，因此被尊称为“医学之父”。依照他的观点，疾病是由外界环境引起的，症状则是身体对疾病的自然反应。他对医生的行为、专业性和保护生命的责任以道德为基础进行规范，建立了《希波克拉底誓言》（Hippocratic oath）的雏形。这份誓言至今仍被众多医者奉为圭臬。

希波克拉底生于科斯岛（Kos）。他游历于古希腊各地，四处行医施教，并致力于驳斥当时盛行的观点——疾病是神对人降下的惩罚。他认为，疾病是人体中“4 种体液”的不平衡引起的。他提到：“人体中有 4 种体液，分别是血液、黏液、黄胆汁和黑胆汁，人体的健康与疾病都与这 4 种体液相关。当所有的体液比例得当、处于平衡状态时，人体的状态就最为完美。而当其中一种体液过剩或不足，甚至完全缺失时，就会引发疾病。”

他认为，身体的运作过程中存在一些“转折点”，即在疾病发展的过程中，患者要么借由人体的自愈能力恢复内部平衡，要么病情恶化。

他制订了一系列医生须遵守的规范：医生应当保持整洁、一丝不苟，悉心照料、善待患者，诚实守信、沉着冷静、善解人意；应当遵循人员安排以及仪器操作和技术运用的具体准则；还应当做好清晰、准确的医疗记录。今天的医护人员仍在遵守以上规范。

古希腊医学主要分为两大学派——尼德斯学派（Knidian schools）和科斯学派（Koan schools，即希波克拉底学派）。尼德斯学派的诊断，大部分是基于对人体的错误假设（古希腊人将解剖人体视作禁忌，因此当时他们对人体解剖学和生理学的知识知之甚少）。相比之下，科斯学派更重视病患护理和常规诊断，侧重于可操作的疗法和无创手术，比如卧床休息或静态休息，这些方法获得了更好的治疗效果。

罗马时代的解剖学：盖伦（Galen）

盖伦建立了罗马的医学准则。他生活在佩加蒙 [Pergamon，现土耳其贝尔加马（Bergama）]，这座城市原是古希腊的城邑，后归于罗马帝国治下。公元 2 世纪，在盖伦的影响下，佩加蒙一跃成为地中海地区的医学圣地，直至 17 世纪，盖伦提出的有关身体的理论在中东和欧洲还一直盛行。

盖伦吸收并扩展了希波克拉底的“4 种体液”理论：体液不平衡的状态，可以精确地出现在身体的特定器官中。这个创新理论为医生诊断病情和开药方提供了巨大的帮助，从而更有效地帮助病患恢复身体健康。

盖伦一生都潜心于解剖学。根据他的观点，解剖学是医学知识的根基。然而，罗马法律严令禁止对人类的尸体进行解剖，因此，他只能使用猪、羊、猴子或其他动物的尸体做实验。这难免会导致一些谬误出现，比如，他对子宫的描述，事实上只符合狗的身体。

通过切断猪脊髓并捆扎住猪的喉部神经的方法，他了解了大脑控制发声的机制；通过捆扎住猪的输尿管，他明晰了膀胱和肾脏的功能。积累了大量的解剖经验后，他得出了以下结论：身体中有 3 个相连的系统，分别是大脑和神经、心脏和动脉、肝脏和静脉，每个系统各司其职，分别具有不同的功能。

秉持勇于探索、躬行实践的人生哲学，盖伦甚至尝试进行了脑部和眼部的手术，比如用一根长针切除白内障。这是一种历史悠久的技术，在手术过程中，必须保证晶状体囊完好无损，手术才能得以成功，否则，眼睛会受到损伤，引发严重的感染。最令人惊叹的是，这些手术均是盖伦在对晶状体囊的解剖位置和功能不甚了了的情况下进行的。幸亏盖伦的技术比其他人更纯熟老练，且他的实践也严格遵循了希波克拉底建立的道德规范。

9 世纪时，盖伦的许多著作被翻译成了阿拉伯文，推动了阿拉伯医学的发展。最终，这些书籍又被译成拉丁文，将欧洲医学从黑暗年代的停滞状态中解放出来，重新燃起了人们对医学研究的渴望。不过他坚信，放血是一种万能的疗法，他的这一理论直至 19 世纪仍在欧洲盛行。此外，他还引入了把脉的诊断方法，且这一方法如今仍然通用。

在这之后的 1000 年内，中世纪欧洲对解剖人体的限制仍然根深蒂固。意大利科学家列奥纳多 · 达 · 芬奇勉力获得了特批，他被允许从佛罗伦萨和罗马的医院运走尸体并进行解剖。凭借他精湛的绘画技术，许多人们前所未闻的解剖细节得以公之于众。倘若这些画作在当时能够广为流传，中世纪科学和医学将更为兴盛，但欧洲并没有做好迎接这一改变的准备。直到200年后，人体解剖学和身体机能的知识才真正开始对医学的发展起到推动作用。

盖伦（公元129年—216年）

盖伦的父亲是一位富有的建筑师。盖伦家境富裕，因此在佩加蒙受到了良好的医学教育。佩加蒙有一座著名的神庙——供奉治疗之神阿斯克勒庇俄斯（Asclepius）。之后，他就职于一所格斗学校，学习了大量有关开放性伤口和身体创伤的知识。

盖伦雄心勃勃，且聪慧过人。他于公元162年移居罗马，经过不懈努力，先后成为马可·奥勒留（Marcus Aurelius）、康莫德斯（Commodus）和塞普蒂米乌斯·塞维鲁（Septimius Severus）等皇帝的御用医师。

阿拉伯的医学黄金时代：拉齐斯（Rhazes）

罗马帝国陨落后，欧洲也随之衰微。与此同时，伊斯兰国家步入了科学、文化和经济蓬勃发展的黄金时代。伊朗的一位名为拉齐斯（公元854年—公元925年）的穆斯林医生成为伊斯兰国家中能与希波克拉底齐名的人物。他敢于挑战希波克拉底的权威，勇于提出自己的见解。他再次阐明，疾病并不是由魔法、命数或超自然的力量引发的，而是有器质性的原因。此外，他还著有第一本记载儿科疾病的书籍，因此享有“儿科之父”的美誉。

起初，拉齐斯以珠宝贸易和货币兑换为业；同时，他还是音乐家和炼金术士。在一次炼金实验中，爆炸产生的冲击波直击他的面部，损害了他的视力。此后，他开始对医学产生兴趣，并于而立之年前往当时伊斯兰的科学中心巴格达（Baghdad），研习医学和哲学。很快，他便成了远近闻名的医生。他撰写了100多篇医学文章。炼金术在当时也被认为是一门科学，拉齐斯对炼金术的刻苦研究使他的医学技能也有所提升，因为正是在炼金的过程中，他获取了实践经验，并将这些经验应用于医学领域。

他是第一位精准鉴别天花和麻疹的医生；他发现，发烧是身体对抗感染的防御机制；他记录了第一个使用动物的胃作为缝合手术材料的案例；他首次创造了使用巴黎石膏进行断骨固定的方法；同时，他也是首批讨论医学伦理以及患者信任某位医生的原因的执业医生之一。

在拉齐斯生活的时代，一些疗法的原理确实难以解释。据记载，拉齐斯被召去治疗一位因关节炎而瘫痪、无法行走的埃米尔（emir，阿拉伯国家的贵族头衔）。拉齐斯先命人将这位埃米尔最好的马牵至门口，然后开始用热水淋浴和药浴的方式为他治疗。接着，拉齐斯掏出一把刀，立誓要杀死他。埃米尔听罢一跃而起，朝拉齐斯扑去。拉齐斯逃命般地爬上事先在门口准备的那匹马的马背上，落荒而逃。当他确定自己转危为安后，方写信给埃米尔，解释了自己的做法：他先前对埃米尔的治疗已经“软化”了病人的体液，需借助病人自身的脾气使得体液完全溶解，才能有疗效。

拉齐斯一生慷慨大方，积极资助慈善事业，而自身至死仍清贫如洗。据传闻，他在晚年患上了白内障，却拒绝接受任何治疗，并称自己早已饱经沧桑，对世界感到厌倦。

中东医学教科书：阿维森纳（Avicenna）

阿维森纳生于布哈拉（Bukhara，现乌兹别克斯坦境内），是中世纪一位杰出的哲学家、科学家和医生。他的著作《医典》（*Canon of Medicine*）中囊括许多宝贵的古代医学知识，以及来自美索布达米亚（Mesopotamia）和印度的医学知识，同时包含了他的研究成果。他撰写的一本14卷百科全书被奉为伊斯兰教和基督教的医学标准教科书。

阿维森纳终其一生都在强调实证医学的必要性：我们应当进行检查以及验证，查无实据时不要轻信他人的理论。他提出的理论如下所述："医学中，我们理应探寻疾病和健康的原因。但这些原因有时显而易见，大部分时候却不露形迹，通常无法轻易被探知，除非对症状进行深入研究。所以，我们也必须探究疾病的症状。"

阿维森纳开展了许多研究，涉及范围十分广泛，比如一些疾病、环境和饮食方式对健康的影响，疾病在水或土壤中的传播方式，以及神经系统疾病会导致的精神障碍。他大力支持药物的临床试验，而且他的试验方式与现代医学专家的试验方式大体相同，比如，试验组的样本容量应该足够大，才能避免结果的偶然性。对于人体药物试验，他的观点是"一种药物仅在狮子或马的身体中起作用，并不能证明它对人体有效"。

阿维森纳也是最早提出使用隔离的方式控制传染病蔓延的

人。此外，他还推断出微生物的存在，比安东尼·范·列文虎克在显微镜下发现细菌早了整整600多年。他对性病、皮肤病、面瘫和糖尿病都进行了症状描述。兴许由于他接受过哲学教育，他满怀热情地投身于心理学，探索意识对身体的影响。除了以上成就，他还为一位好友进行了一次胆囊手术。

阿维森纳声名远扬，且保有极强的同情心，总是无偿为贫苦百姓治病。

阿维森纳（980—1037）

阿维森纳10岁时便能熟背《古兰经》（Qur'an）和其他经典的伊斯兰经文。在医学领域，他很快便青出于蓝，开始教授医学课程。他年纪尚轻时，便成功治愈了布哈拉的苏丹（Sultan，伊斯兰教官职）。

此时的世界局势动荡不安，阿维森纳的生活也深受政局混乱的影响。当时的土耳其取代伊朗成为中亚霸主，而且伊朗的地方军阀也脱离了阿拔斯王朝（Abbacid，昔时定都在巴格达）哈里发（caliphate，伊斯兰宗教领袖）的控制。

公元999年，定都布哈拉的萨曼王朝（Samanid）被入侵的土耳其人推翻。此后，阿维森纳一直在伊朗颠沛流离，过着提心吊胆的生活。他曾于一次绑架中逃脱，躲过逮捕和监禁，经过乔装打扮后仓皇出逃。纵然有千难万险，他仍然写下了一些哲学论文，并且只要他在一个地方定居足够长的时间，便会继续做自己的工作。

公元1024年左右，阿维森纳终于觅得一处避难所。他成为伊斯法罕（Isfahan）统治者的医生和顾问，并在这里度过了自己的余生。

植物学家：伊本·贝塔尔（Ibn al-Baitar）、加西亚·德·奥尔塔（Garcia de Orta）和修道院

中世纪的药物同古埃及、古希腊时期的药物一样，通常来源于植物。伊本·贝塔尔是伊斯兰教黄金时代的一位著名的草药学家。贝塔尔著有一本记载植物的医疗用途和各种特性的百科全书，在草药学这一领域，他在欧洲和中东地区几个世纪以

来都首屈一指，无人能及。

伊本·贝塔尔生于西班牙的马拉加（Malaga）附近，再征服运动扰乱了整个地区的秩序，因此，他和其他成千上万的穆斯林一同离开了家乡。1224 年，他定居于埃及，成为统治者卡米尔（al-kamil）的首席草药师。他的职位使得他能够从巴勒斯坦、阿拉伯、希腊、土耳其、亚美尼亚和叙利亚等地收集到各式各样的植物。

他对植物，以及古籍中记载的植物的医学用途具有惊人的记忆力。他还通过实验和观察创作出新的药方，并频繁地测试自己发明的药物。在他撰写的《药物学集成》（*Book of Simple Herbal Remedies*）一书中，他系统地汇编了 1400 种不同植物的药用价值和一般特性，其中还包括 200 种此前并无记载的植物。在他后续创作的另一部著作中，他将介绍重点放在植物的药用功能上，根据能够治疗的部位对植物进行分类，如治疗耳、头、眼的植物等。

加西亚·德·奥尔塔（1501—1568）生于文艺复兴时期的葡萄牙，是一位拥有犹太血统的医生。他于葡萄牙在印度的殖民地果阿（Goa）工作时，采用了一种实验性的方式种植医用草药。他著有一本关于草药和其他药物的书，将有关印度药用植物和东方香料的知识引入了欧洲。同时，他还向人们传授了大量有关热带疾病的知识，比如霍乱（小肠传染病）。

在中世纪的欧洲，修道院也是知识的宝库。僧侣们终日忙于翻译和誊写来自阿拉伯、希腊和罗马的古代著作，并在其中发现了大量用于治疗普通疾病的草药处方。之后，他们修建了草药园，以便为蒸蒸日上的医疗中心提供原材料。同时期的民间医师也创造出了一些药方，他们有时还会在药方中附上自创的咒语和“魔法”，因此这些药方常常被指控为巫术。

现代科学家已经证实，一些古代的草药疗法对某些疾病的治疗的确有效。例如，2000 年前人们就用柳树皮来缓解头疼，而其中含有的水杨酸，这正是阿司匹林的活性成分。但也有一些疗法，实际上是起不到任何治疗作用的，比如中世纪人们治疗秃头的方法是在秃顶的头皮上摩擦洋葱。此外，草药疗法在治疗像黑死病这样的流行病时，也是不起作用的。黑死病是 1346—1353 年间席卷欧洲的一场致命的瘟疫，通过商船上老鼠身上的跳蚤进行传播。

19 世纪，化学家开始从植物中提取有治疗效果的成分，由此步入了化学药物的时代。如今，这些药物已经取代了植物和草药在西方传统疗法中的地位。不过，一些从植物中提取的化合物仍被用于现代医学中。

开拓性的疫苗：爱德华·詹纳（Edward Jenner）

尽管安东尼·范·列文虎克于 17 世纪 70 年代便已首次观测到了微生物的存在，但人们还是花了很多年的时间才了解到微生物（或病菌）会导致疾病的事实。更有效地控制传染病的病因这一愿望，是推动微生物研究进程的巨大动力。

爱德华·詹纳（1749—1823）是一位英国外科医生和自然爱好者，同时也是揭示病菌和疾病之间联系的先驱之一。他对接种领域研究极深，并开启了医学的新篇章——免疫学。

天花（smallpox）是詹纳所生活的时代下最令人闻风丧胆的疾病之一，婴儿和儿童尤其易患病。该病致死率极高，就算侥幸存活，也会面临可怕的毁容。求知欲和本能使詹纳坚信，牛痘和猪痘病毒与作用于人类的天花病毒密切相关，他希望这种联系能够帮助自己开创一种新的疗法。

他曾耳闻，有一位挤奶女工患过牛痘，之后似乎对天花产生了免疫力。1796 年，他在 8 岁的詹姆斯·菲普斯（James Phipps）身上验证了自己的假设。他从感染了牛痘 [牛痘病毒来源于一头名叫花花（Blossom）的奶牛] 的挤奶女工莎拉·内尔梅斯（Sarah Nelmes）的伤口中取出脓液，接种到詹姆斯身上。接种后，詹姆斯最初出现了发烧和全身不适的症状，一段时间后，他康复了。之后，詹纳为了进一步测试疫苗的有效性，他为詹姆斯接种了天花病毒，最终得到了与接种牛痘病毒后类似的结果。他的试验证实了向人体接种疫苗以达到免疫效果的可行性。

最初那几年，英国皇家科学院本着谨慎的原则，并没有发表詹纳的研究成果，声称没有足够的证据来证实这样一个革命性的发现。尽管如此，詹纳还是继续为人们接种疫苗，这些人中甚至包括他 18 个月大的儿子。最终，他以接种牛痘疫苗的可行性和有效性的事实说服了批评他的人。

尽管名为本杰明 · 杰斯提（Benjamin Jesty）的农民于 1774 年便成功地为家人接种了牛痘疫苗（比爱德华 · 詹纳的试验早了大约 20 年），但人们还是认为詹纳独立得出了接种牛痘病毒可预防感染天花的结论，而且他的诸多试验与理论更具价值。

得益于詹纳的开创性成果，1980 年，世界卫生组织宣布天花已被彻底消灭。消灭一种疾病并非易事。迄今为止，天花是唯一一种已经被人类消灭的传染病。人类得以消灭天花的一大重要因素是，在人体感染天花病毒后，会出现全身出疹的症状，这使该疾病具有易被识别的特性。尽管这一特性在各类疾病中并不普遍，但消灭天花这一成就给人类带来了希望：或许其他疾病也能被根除，比如小儿麻痹症，这种疾病虽然在大部分国家已经被消除，但仍存在于世界上的某些地区。

细胞水平的疾病：鲁道夫·魏尔肖（Rudolf Virchow）

德国内科医生鲁道夫·魏尔肖（1821—1902）认为，疾病源于细胞。在鼓励学生使用显微镜时，魏尔肖经常告诫他们“用显微镜的方式思考”。他的研究成果为现代病理学（一门研究疾病原因及其影响的科学）奠定了基础。

魏尔肖创造了在细胞水平上研究疾病的方法，这使他成为肿瘤学研究的先驱之一。他不仅首次发现了白血病（leukaemia，一种血癌），还发现了其他类型的恶性肿瘤，包括一种胃癌。这种胃癌的症状之一为锁骨上淋巴结肿大，之后，这种肿结被命名为“魏尔肖结”（Virchow's node）。

1848 年，魏尔肖投身于对西里西亚地区流行的伤寒病的研究。他推断，这一地区糟糕的卫生水平和人民频频染病的状况，是自由和民主缺失导致的直接结果。他阐释道：“医学是一门社会科学，而政治是规模更大的医学。医生就是贫苦百姓的律师，社会问题也应主要由医生来处理。”

魏尔肖具有开阔的眼界，认为一些疾病往往源于贫困。他被誉为“公共卫生之父”。

细菌的危害：罗伯特·科赫和路易·巴斯德（Louis Pasteur）

罗伯特·科赫（1843—1910）的父亲是德国的一位采矿工程师，科赫是家中13个孩子之一。科赫小时候便喜欢看报纸，学会了识字和阅读。他在医学领域做出了开创性的贡献，推动了识别和分离病菌的发展进程。

当时，炭疽病在欧洲肆虐，这种由山羊、绵羊和牛携带的疾病威胁着动物工作者的安全。尽管当时法国医生卡西米尔·戴维恩（Casimir Davaine，1812—1882）已经对炭疽杆菌（anthrax bacillus，致病细菌）进行了一定的描述，但尚未觅得预防和治疗炭疽病的突破口。研究人员发现，未得病的牛不仅能通过接触已经发病的牛感染这种疾病，甚至仅在后者吃过草的牧场上停驻过，也能被传染。研究人员对此一筹莫展。

1875年，科赫成功地分离和培育出了炭疽杆菌。他通过观察这种细菌的整个生命周期，发现它们在氧气不足等不利环境下，会形成具有强抗逆性的内生孢子（endospores)。这些孢子将一直处于休眠状态，直到环境再度变得有利于生存，继而萌生新的杆菌。内生孢子的存在解释了为什么炭疽病能够在休牧过的农场中复发。

因发明巴氏消毒法（pasteurization）而盛名的法国化学家路易·巴斯德（1822—1895）在战胜炭疽病的过程中也功不可没。他建议农民避免在染过病的动物活动过的土地上放牧。此外，从 1877 年起，他便致力于研发一种含有炭疽杆菌的疫苗。他将备好的疫苗加热至 42℃，以削弱细菌的感染力，接着将疫苗注射进羊体内，使羊感染轻度的炭疽病。一段时间后它们便康复了，并具备了免疫力，足以抵抗未来可能发生的感染。

1882 年 5 月 5 日，巴斯德进行了一项举世瞩目的试验。他找了 50 只羊，给其中 25 只接种了炭疽杆菌疫苗，另外 25 只没有接种疫苗。26 天后，他为 50 只羊都注射了高活性的炭疽杆菌。两天后，所有未接种疫苗的羊都丧生了，而所有接种过疫苗的羊都存活下来了。

后来，科赫发现了引发结核病（tuberculosis）和霍乱（cholera）的细菌，巴斯德也研发出了狂犬病（rabies）疫苗。1885 年，巴斯德在一个名为约瑟夫·迈斯特（Joseph Meister）的男孩身上进行了狂犬病疫苗的试验。10 天后，这个之前染了病的男孩恢复了健康。

尽管路易 · 巴斯德首先提出了体外培养细菌的想法，但真正落实和完善这项提纯技术的人是科赫。初始的样本中含有多种细菌，通过人工方法将其中类似的细菌转移至新的无菌生长培养基上，并不断重复以上过程，直至经稀释和分离的新样本中只剩下一种细菌。

19 世纪，大量的病人在手术后死亡。科赫和巴斯德都意识到，这很有可能是卫生条件不到位导致的，因为细菌很有可能会在手术过程中侵入人体，引发疾病和感染。1878 年，巴斯德在法国国家医学科学院（Academy of Medicine）宣称：

“如果我有幸成为一名外科医生，我会格外清楚，表面带有细菌的物体将会给病人带来巨大的危险，特别是医院里的物体。因此我只会使用完全干净的工具，并且会在格外谨慎地清洁过我的双手之后，再对它进行快速的高温消毒。而这一系列工作，并不会比烧炭工彼此传递滚烫的煤炭更麻烦。此外，我只会在手术中使用事先在 130~150℃高温下清洁过的棉球、绷带和海绵。”

巴斯德的这份声明奠定了无菌手术的基础。它旨在从源头上防止有害的病菌进入手术空间，而非使用抗菌药剂杀菌。他对外科医生在手术前应对自己的手进行高温消毒的建议，也成了手术操作的常规程序。此外，他还会在餐前用餐巾擦拭杯子、盘子和银器，这足以体现出他对病菌的关注程度。

现代脑部疗法

虽然自石器时代晚期，人们就未停止过对治疗脑损伤和脑部疾病研究的步伐，但脑部的治疗仍是现代医学中公认的最具挑战性的领域之一。

法国哲学家勒内·笛卡尔认为，神经中包孕着“动物的灵魂”，身心是相互独立的实体。他的理念使得人们对脑部及其运作机制的理解变得更加复杂。为了获取用于解剖的人体，笛卡尔向教皇寻求交易并宣称：“任何与灵魂、思想或情感有关的东西，我都将原封不动地留给神职人员。我只需要躯壳的部分。”这一说法后来被引申为笛卡尔二元论（Cartesian dualism），即非物质的思想（或灵魂）与物质实体相互独立。

1875 年，英国科学家理查德·卡顿（Richard Caton，1842—1926）使用狗和猴子做实验时，发现它们的大脑中存在着不同的电流，这一发现证明了笛卡尔提出的理论存在谬误——神经中并不存在“动物的灵魂”。在今天，神经元（neurones，神经细胞）是通过电和化学信号进行交流的这一理论已经得到了充分的证实。但是，科学家们尚未能够运用科学手段找到非物质的思想与物质实体之间的交汇点。因此，他们推断，思想与身体二者并不是割裂开来的。同时，他们也支持人们运用生理性的知识对意识进行描述，即运用现代神经科学的方法描述相关现象。

有关脑损伤的研究促进了人们对大脑的进一步探索。1848年，美国铁路工人菲尼亚斯·盖奇（Phineas Gage）的脑部被一根铁棍贯穿，他大脑的大部分左额叶（left frontal lobe）均被摧毁。他幸存了下来，但性格发生了巨大改变。这个病例说明，人的部分性格是由大脑额叶控制的。这个理论促进了额叶切除手术（lobotomy）的发展。这是一种治疗抑郁症和精神疾病的手术，但它引起了广泛的争议，因为在该手术中，大脑与额叶的联系会被切断。尽管如此，在20世纪初，这个手术风行一时。当时的精神病院一直人满为患，拥挤不堪。直到20世纪50年代，该手术才基本被抗精神病药物所取代。

俄罗斯生理学家、外科医生和心理学家伊凡·彼德罗维奇·巴甫洛夫（Ivan Petrovich Pavlov，1849—1936）针对动物和人类的行为做了大量试验后，得出一个结论：大脑会对外界刺激做出反应。他提出了一个著名的理论：当狗被投食时会分泌唾液，如同一个饥肠辘辘的人面对美味佳肴会流涎一般。他每次给狗投食时都会敲响节拍器，后来，就算不投食，只需敲响节拍器，狗仍然会分泌唾液——它已经习惯对这类“条件刺激”（conditioned stimulus）做出反应。巴甫洛夫推断，条件反射的过程需要生理事件的刺激，从而在大脑皮层形成反射途径。

尽管已有上述研究成果，但神经系统中传递信息的路径仍然鲜为人知。西班牙医生圣地亚哥·拉蒙·卡哈尔（Santiago Ramón y Cajal，1852—1934）针对该领域展开研究并取得了成果，他因此成了神经科学的奠基人之一。卡哈尔以意大利病理学家卡米洛·高尔基（Camillo Golgi，1843—1926）开创的染色法为基础，运用银染色剂对脑组织切片进行染色，以便观察单个神经元（神经细胞）的形态。他观测到，神经元是一个带有突起（树突和轴突）的细胞体，神经脉冲沿着这些突起从一个细胞传导到另一个细胞。因此，神经系统并非如高尔基所述，是由单个神经元排列构成的连续、单一的网络，而是由单个神经元通过神经突触（synapse）与其他靶细胞相互连接构成的网络结构，其中，神经突触使得电或化学信号能够从一个细胞传递到另一个细胞。

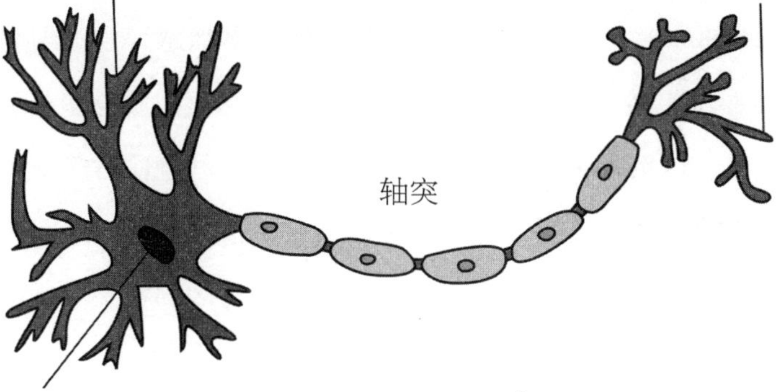

这是一个典型的神经元（或脑细胞）。

轴突通过神经突触将神经脉冲从一个神经元传递至另一个神经元；

树突则通过神经突触接收来自其他神经元的脉冲。

人脑中的突触数量甚至比银河系中的星星还要多。

卡哈尔的发现推动了人们对大脑回路重新进行定义，并为后续脑肿瘤和脊髓肿瘤的研究夯实了基础。

20 世纪 70 年代，美国神经药理学家甘德丝·柏特（Candace Pert，1946—2013）因发现了意识的生物化学基础而一举成名。她观测到了大脑的阿片受体（opiate receptor）——内啡肽（endorphins，一种激素，能够止痛、制造幸福感）与脑细胞结合的部位。换言之，这证明了我们体内的化学物质也参与了情感生成。这也表明大脑和身体在分子层面是一个整体的系统：任意一方接受治疗，另一方都会受到影响。情绪和健康之间的联系早在很久以前的古希腊文化和众多其他地区的本土文化中多次被提及，直到 20 世纪才得到西方医学界的认可。

首例抗生素：亚历山大 · 弗莱明（Alexander Fleming）

在“前抗生素时代”，即使十分细微的擦伤也可能会置人于死地。那时，死于伤口感染的士兵，比死于武器等直接对身体造成损伤的士兵数量要多得多。这一情形直到 1928 年才有所转变。当时，苏格兰生物学家和细菌学家亚历山大 · 弗莱明首次发现青霉素（penicillin）可以杀菌。青霉素是有史以来第一种抗生素，被誉为医学史上最伟大的发现之一。青霉素的出现开启了一个医学发现的黄金时代，拯救了数百万人的生命。

弗莱明就职于伦敦圣玛丽医院（St Mary's Hospital），他的职责便是寻找防范病菌引起各类疾病的新方法。他需要先培育细菌，接着用化学物质杀死它们或削弱它们的致病性，并对由此方法研发出的疫苗进行测试。青霉素，这一伟大的发现，实际上源于一次意外。有一次，弗莱明外出度假，临走时把一盘忘记封盖的活细菌培养皿留在了实验室。当他回来后，发现培养皿上已经长出了种类繁多的霉菌。善于观察的他很快观测到其中一种霉菌似乎杀死了它周围的细菌。

霉菌萌生自微小的、形如种子的孢子，它们悬浮于空气中，难以防范。研究人员通常会直接扔掉被霉菌污染的标本，但格外幸运的是，弗莱明保留了这个样本，并很快认定这种白色的、蓬松的生长物是一种青霉菌，常见于土壤、腐烂的水果和面包中。他提取了一些“霉菌汁”（青霉素），并针对它进行了多次实验。经实验证明，青霉素能够杀死或者阻止细菌的生长，对人体危害再大的细菌也不例外。

他采用了“抗生素”（antibiotic）一词（意为“反生命”），为他试图从霉菌汁中提纯的青霉素命名。但直到1939年，真空冷冻干燥技术（vacuum freeze-drying）诞生后，牛津大学的生物化学家霍华德·弗洛里（Howard Florey，1898—1968）和恩斯特·钱恩（Ernst Chain，1906—1979）才利用该技术提取出纯青霉素。

弗莱明的发现大大降低了日常事故的致命风险——从未有过任何一种药物能像抗生素一样拯救这么多条生命。现今已有超过8000种不同的抗生素，用于对抗由细菌引起的感染和疾病，如胸部感染、脑膜炎和肺结核。然而，早在1946年，弗莱明就注意到，有一些菌株具有极强的适应性，很快就对抗生素产生了抗药性，特别是当病人服用的抗生素剂量太小或太早停止服用的时候。这些菌株逐渐演变成了今日人们所称的“超级细菌”。此外，由于抗生素对病毒并无杀伤力，因此它们对普通感冒等感染病并没有药效。

弗莱明自始至终都没有收过发现青霉素的专利费。当年，美国药品公司为他筹集了10万美金，以表彰他对医学做出的杰出贡献，但他将这笔钱原封不动地捐给了自己的医学院作为研究经费。

亚历山大·弗莱明（1881—1955）

弗莱明的父亲是一名苏格兰农民。弗莱明的第一份工作是在伦敦的一个航运办公室做文员。1901 年，他有幸从一位叔叔那里继承了 250 英镑的遗产，这在当时无疑是一笔巨款。此后，他决定开始新的职业生涯——成为一名医生。

毕业后，他以细菌学家的身份任职于伦敦圣玛丽医院的接种部。同时，他还是一名外科医生和医学作家。他沉稳又对一切事物充满好奇的天性，促使他培育了一些细菌。实际上，他这样做的目的仅是欣赏它们悦目的颜色和别致的图案。他还为这些细菌起了一个名字——“细菌画”(germ paintings)。

第一次世界大战期间，他和他的同事加入了陆军医疗队（the Army Medical Corps)。他跟随军队前往法国，就任于战地医院。1918 年，战争结束后，他又重返实验室工作。之后，他成为细菌学教授。短短几周后，他与家人一起外出度暑假，正是在这次返程后，他发现了这种能杀死细菌的霉菌。

弗莱明是一个内敛、沉默寡言的人。他不善言辞，因此他的研究成果多年来一直被其他科学家所忽视。好在他最终得到了他应得的赞誉。

1943 年，这种被誉为“奇迹药物”的纯青霉素被投入大规模生产，随即在第二次世界大战中拯救了成千上万名士兵的生命。

分子水平的疾病：莱纳斯·鲍林

美国化学家莱纳斯·鲍林曾沉迷于分子结构的研究中不能自拔。第二次世界大战后，他潜心研究大生物分子结构。这些有机分子（碳氢化合物）是生物体的重要组成部分。他所做的研究促使他发现了史上第一例“分子疾病”：镰刀型细胞贫血症(sickle-cell anaemia)。

鲍林从一位医学专家那里了解到，当患者的红细胞从正常的圆盘状扭曲成镰刀状，便会引发镰刀型细胞贫血症。基于该理论，鲍林着手研究红细胞的主要成分——血红蛋白(haemoglobin)。1 年后，他和他的研究团队有了一个惊人的发现。他们运用电场来分离血红蛋白分子，使血红蛋白分子带有更多电荷。其中，镰状细胞的血红蛋白分子，会比正常的血红蛋白分子携带更多的电荷。分子间如此微小的差异，却极有可能是一种致命性疾病的病因。这一研究成果的出现，宛若一石激起千层浪，也为后续“分子病”的研究铺平了道路。随后，鲍林的同事指出，镰刀型细胞贫血症具备遗传性质，这一理论更巩固了分子医学和遗传学之间的重要联系。

依照鲍林的观点，只要我们对疾病的分子结构有了充分的了解，就能做到“手到病除”。这一新兴的医学领域将现代医学实践与生物化学相结合，旨在从分子水平上治疗疾病。

此外，他还提出了“正分子医学”（orthomolecular medicine）的概念，即如果确保人体内存在“正确的分子种类及正确的分子数量”，便能够使得身体和精神处于最佳的健康状态中。他认为，倘若人体能达到化学平衡，就能对体内必要的化学反应进行优化，以保持健康。

在一次自测中，他发现，适量服用维生素 C 可以预防感冒。他将自己在正分子医学这一领域提出的研究理论汇编成了一本书（但该书的内容受到了其他科学家的批评），并且该书成了畅销书。之后，人们针对膳食补充剂功效的研究也一直在进行。膳食补充剂的生产现已成为一个重要产业。

首例脊髓灰质炎疫苗：乔纳斯·索尔克（**Jonas Salk**）

20 世纪 40 年代到 50 年代之间，美国脊髓灰质炎(poliomyelitis，俗称“小儿麻痹症”）日益增长的发病率使美国的父母们终日惶惶不安。这种病毒会侵袭神经系统，在美国每年的传染病高发季，大约每 5000 名儿童中，就有 1 名儿童因感染该病毒致残或死亡。

乔纳斯·索尔克（1914—1995），一位犹太裔美国微生物学家，在他发表的数篇文章中都讨论了有关脊髓灰质炎的问题。他对该领域的满腔热忱引起了国家小儿麻痹症基金会（National Foundation for Infantile Paralysis）[现美国出生缺陷基金会（the March of Dimes Foundation）] 的注意，基金会倾力为索尔克提供研究资金，以寻求治愈脊髓灰质炎的方法。

但这也招致了整个科学界对索尔克的排挤。众多研究人员，如阿尔伯特·萨宾（Albert Sabin，1906—1993），已经耗费数年时间针对这一疾病的治愈方法冥思苦想。但突然间，一个新晋人士却得到了几乎取之不尽的研究资金，这使他们极为不满。

当时，大多数的疫苗研发者在研究中使用的都是“活的”但被削弱了致病性的脊髓灰质炎病毒，并坚信这种轻度的活性是使人体产生免疫力的唯一因素。而索尔克基于他对一种流感疫苗的研究成果，得出了以下结论："被杀死"或灭活的病毒有时也可以作为一种抗原（antigen），触发身体的免疫系统产生抗体（antibodies）。抗体能够攻击并摧毁再次入侵的同种病毒，同时降低病人被感染的风险。他做出的最大贡献便是将该理论应用于脊髓灰质炎的治疗，并致力于利用"被杀死"的病毒研发疫苗。

索尔克使用甲醛来杀死病毒，同时注重保持病毒的完整性，以触发免疫系统。他首先在猴子身上测试了该疫苗，之后又在小部分人身上进行了测试。结果显示，试验对象均成功地产生了抗体，并且这种疫苗没有引发不良反应。1954 年，他开启了下一阶段的测试——对儿童进行大规模测试。截止到 1955 年 4 月，测试结果表明，他的疫苗是有效且安全的。

通常情况下，科学成果会先刊登于学术期刊上，之后才向全世界公布。但在 1955 年，索尔克接受了邀请，在成果发表之前，率先召开了一次新闻发布会。尽管他并没有邀功求赏，但他仍然在一夜之间成了媒体与公众的宠儿。不幸的是，祸福相依，这也意味着他成了众多科学家的眼中钉，他们指责他"吃独食"，没有给予其他研究人员足够的荣誉。

在大众的观念中，索尔克将永远是战胜脊髓灰质炎的英雄。

特别是他拒绝申请专利，以及谢绝从成果中获利的行为，更使他成了众星拱月的人物。

1958 年，萨宾推出了自己研发的疫苗。这是一种基于“活”病毒研发出的疫苗。由于这种疫苗可以直接口服，无须同索尔克研发的疫苗一般进行外部注射，再加上它需要的加强剂量较小，所以它逐渐取代了索尔克研发的疫苗的地位。如今，这两种疫苗通常被同时使用。

如今，索尔克生物研究所（the Salk Institute for Biological Studies）已经发展成一个闻名遐迩的分子生物学和遗传学的权威机构。

心理疗法：西格蒙德 · 弗洛伊德（Sigmund Freud）

西格蒙德 · 弗洛伊德（1856—1939）生于奥匈帝国的弗赖堡镇（Freiberg）[现捷克共和国的普日博尔（Příbor）]，是家里 7 个孩子中最年长的一个，他因其聪明才智而备受宠爱。他的父亲冷漠、霸道、专制，母亲则相反，是一个对孩子的照顾无微不至、养育有方的人。他的原生家庭影响了他的一系列意识理论的形成。

由于羊毛商人的身份并不能给予弗洛伊德一家体面的生活，他们举家迁至维也纳。后来，弗洛伊德开始学医，专攻神经病学（neurology），师从让-马丁·沙可（Jean-Martin Charcot，1825—1893），一个擅长使用催眠术（hypnotism）治疗癔症（hysterical disorders）的医生。但不久后弗洛伊德便意识到，当时被奉为标准疗法的电疗或催眠，并没有对癔症起到治疗的效果。他随即转而尝试"谈话疗法"，鼓励病人理性地面对并谈论自己的问题，继而针对自身的行为做出必要的改变。为了治疗神经症（neurosis），他提出了自由联想（free association）以及梦的解析（interpretation of dreams）等方法，并认为这些方法可以展现人的潜意识。

1900年，弗洛伊德首次提出了关于精神分析（psychoanalysis）的理论。他的中心观点是，人类头脑中的潜意识驱动着行为，当社会习俗压制了人类的原始冲动，制造出紧张和压抑的氛围，便会使人类产生心理上的困扰。倘若想要消除紧张感，揭露潜意识中的愿望及动机，其中一种方式便是借助梦境。梦境提供了一条通往自我认知的道路。

40多岁时，弗洛伊德开始深入探索自己的心理，并得出了几个具有普适性的结论。其中的核心理论是：性冲动是许多神经疾病的根源。但许多学者并不接受他的理论，甚至对他探索性的行为恶言谩骂。其中，他提出的"即使婴儿也会受到性的驱使”的观点受到了更多的指责。所以，在很长一段时间内，弗洛伊德被众学者孤立，不得不独立开展工作。直到1906年，他收获了一批追随者，其中包括卡尔·荣格（Carl Jung，1875—1961）和阿尔弗雷德·阿德勒（Alfred Adler，1870—1937），他才得以从孤独的工作环境中解脱出来。1908年，第一次精神分析会议在萨尔茨堡（Salzburg）召开。随后不久，国际精神分析学家协会（the International Association of Psychoanalysts）于1910年正式成立。

1933年，以希特勒为首的纳粹党在德国当权，弗洛伊德的著作是第一批被扔进篝火的书籍之一。5年后，纳粹占领了奥地利，并开始不断侵扰所有带有犹太血统的人，包括弗洛伊德，纵使他是一个无神论者。弗洛伊德秉持着“宁愿在自由中死去”的想法，偕同家人于1938年迁往伦敦。

生殖医学：格雷戈里·古德温·平卡斯（Gregory Goodwin Pincus）

历史上出现过形形色色的节育方式。古埃及人用蜂蜜和金合欢叶（acacia leaf）制作阴道栓剂（pessaries），古希腊人使用具有避孕功能的植物制作避孕药，10世纪的波斯人则利用大象的粪便制作避孕药。然而，在中世纪的欧洲，天主教会严禁避孕行为，许多“女巫”因助人堕胎或提供避孕草药而受到严惩。

19 世纪，管理日益增长的人口成了一个政治性问题。控制得当的出生率往往代表着较高的生活质量以及较为稳定的经济环境。

1951 年，美国生物学家格雷戈里·古德温·平卡斯（1903—1967）发明了避孕药，这标志着计划生育迎来一次重大革新。他的发明有效地缓解了全世界人口过剩的问题，并在一定程度上对妇女健康、女权问题、生育趋势、宗教和政治，以及成年人、青少年的社会关系和性行为等方面产生了深远的影响。这项科学突破，几乎涉及我们社会生活的方方面面。

第七章

地质学与气象学

数千年以来，一个问题始终困扰着人类：地球的起源与历史是怎样的？仅在两三个世纪前，欧洲绝大多数人仍相信地球的年龄只有 6000 岁。

到了 18 世纪，这种情况终于发生了改变。来自苏格兰的科学家詹姆斯·赫顿证明，只要测量出地球岩层的相关数据，就能了解过去地球上发生的事件，并且能解开地球年龄与起源的谜团。他发现了能有证据表明的地球年龄要远长于《圣经》中记载的数据。今天，根据科学家的估测，地球成为行星的时间大约是在 46 亿年前。

从地球上出现文明的时期起，人类就开始挖掘和钻探地壳，寻找高价值的金属和油田；勘探技术更是在罗马时代与工业革命时期迎来了两次飞跃。对采矿业而言，精确探明矿脉变得越来越重要，地质学逐渐成了热门学科。今天，地质学家已经能对全球地层中的矿脉做出系统性的精确分析。

地质学家还能探明地球在历史上发生过哪些地震、洪水之类的重大事件。人们知道了地球的过去，就能预测这颗星球以及其他星球的未来。

气象学，或者说研究地球大气的科学，与地质学一样源远流长。不论何时，人类都需要预测天气。近年来，理解和预测地球大气的变化及其对人类社会的影响，成为全世界的人最关注的话题之一。

古人的地球观：亚里士多德与泰奥弗拉斯托斯

早在公元前 4 世纪，古希腊学者亚里士多德就对地质学进行了研究。他在自己的著作中提及，从长期来看，地球是在缓慢变化着的："既然海洋总是此进而彼退，那么地球上的海陆位置也必然不是固定不变的，而是会随着时间的推移而变化的。"

在亚里士多德的著作《气象学》（*Meteorology*）中，他对水循环进行了有史以来的第一次探究。他提到："水蒸气由凹陷多水的地方升起，但它太过沉重，热量无法将其托举到太高的位置，于是它很快就会再次降落。"现在，亚里士多德被视作气象科学的建立者。

泰奥弗拉斯托斯是亚里士多德在雅典建立的吕克昂学园的继承者，他首次按照各种岩石的性质（例如硬度以及受热时的表现）对其进行分类。他将自己撰写的专著命名为《论岩石》（*On Stones*），同时还记录了古时人们对矿物的一些实际应用，例如烧制玻璃、制作灰泥或染料。

中国的大地形成论：沈括

在中世纪的中国，沈括（因提出正北的概念而闻名）首次提出了地质结构形成的猜想（即后来的地形学），并发现植物化石可以指示气候变化（古气候学）。

在前往太行山与雁荡山游玩时，沈括注意到，虽然这两座山脉距离海洋有数百里远，但在特定的地层中仍能找到贝类化石。于是他得出结论：这一地区在某段时期必定沿海或处于海平面之下。他进一步猜测：此后，海洋发生了变化，在相当长的一段时间后，这些沉积物堆积起来，形成了陆地。沈括提出的这一理论领先了詹姆斯 · 赫顿取得的有关沉积岩的开创性成果近650年。

1080年前后，沈括完成了更进一步的研究。一条位于今天的延安市（位于中国陕西省）附近的河流发生了河岸滑坡，一个大型地下洞窟露出水面，其中有数百根竹子化石。然而，当地气候干燥，竹子无法生长。沈括对于这件事的判断远远领先于同时代的学者。他察觉当地的气候可能发生了变化："或许远古之时，此地气候殊异，地势低洼、阴暗潮湿，适宜竹子生长。"

采矿与矿物：格奥尔格 · 阿格里科拉（Georgius Agricola）

在16世纪的德国东部，一位名为格奥尔格 · 阿格里科拉的杰出化学家撰写了一部有关金属和采矿的教科书——《论矿冶》（*De Re Metallica*）。这是继老普林尼（Pliny the Elder）撰写的《自然史》（*Historia Naturalis*）之后，西方世界有关冶金与采矿技术最好的书籍之一。

这部鸿篇巨制价格昂贵，流通受限，因此只有一些抄本在各教堂之间流通，牧师和僧侣根据要求对这部拉丁文著作进行翻译。1700年，这部书籍已经有了德语、意大利语等十余种译本和拉丁语抄本。1912 年，矿业工程师（也是后来的美国总统）赫伯特·胡佛（Herbert Hoover）和他的妻子卢·胡佛（Lou Hoover，地质学家、拉丁语学者）首次将这本书译成英语。

阿格里科拉花费了将近 20 年的时间才完成了这部杰出的著作。这部 12 卷的著作详尽地阐述了采矿的各个步骤和在这一过程中会出现的问题，甚至涉及管理、化验、建筑、矿工疾病、地质学、市场营销、勘探、精炼、冶炼、测量、木材使用、通风和水泵系统（矿井排水是当时的一大难题）等诸多领域。

在《论天然矿物》（*De Natura Fossilium*）一书中，阿格里科拉还首次按照地质形态对矿物进行了分类，这本书对于初出茅庐的采矿工程师而言可以称得上是无价之宝。

格奥尔格·阿格里科拉（1494—1555）

格奥尔格·阿格里科拉这个名字其实是格尔格·鲍尔（Georg Bauer）的拉丁文——“鲍尔”意为乡下人或农夫。阿格里科拉出生时，文艺复兴的思潮已经在欧洲各处生根，新型印刷术的发明提高了人们的识字率，也激发了人们对知识的渴望。全新的思维模式为阿格里科拉带来了深刻的启发。

阿格里科拉以优异的成绩从学校毕业，接着前往莱比锡大学（University of Leipzig）攻读药物学，并于 1517 年获得学位。马丁·路德（Martin Luther）正是于这一年在维滕堡（Wittenberg）发起宗教改革，正式与天主教会决裂。

阿格里科拉被派往约阿希姆斯塔尔（Joachimsthal）担任当地的医师，那里正是欧洲的采矿与冶金业中心。因此，他得以一边治疗病患，一边研究采矿与矿石处理技术。3 年之后，他离开约阿希姆斯塔尔，开始游学。在考察了全德国所有的矿井之后，他在当时著名的矿业中心——萨克森（Saxony）的开姆尼茨（Chemnitz）定居。这时他已经出版了数本有关采矿与矿物学的著作。在这一时期，绝大多数德国人改信新教，而阿格里科拉始终都是虔诚的天主教徒，他因此遭到抗议，不得不放弃在城镇中担任的职务。据称，他因与一名新教徒激烈争吵而离世。

科学与宗教的斗争：尼古拉斯 · 斯丹诺（Nicolaus Steno）

17 世纪的西方科学家在思考地球起源的问题上受基督教影响颇深。英国的牧师与数学家威廉 · 威斯顿（William Whiston，1667–1752）将大量时间花费在为《圣经》中的故事寻找科学解释上。他提出，可能是彗星撞击地球导致了诺亚的大洪水，而这场洪水塑造了地表的形态。他还预言，另一颗彗星会于 1736 年撞击地球，世界末日将在此刻来临。当然这并没有发生，人们因此倍感欣慰。

丹麦的科学先驱者尼古拉斯 · 斯丹诺（1638—1686）也深陷于科学和宗教的冲突之中。他是一位著名的解剖学家。有人在意大利北部的一座沿海小镇边捕捞到一头巨型鲨鱼，之后将鱼头寄给斯丹诺进行解剖和分析。斯丹诺注意到，鲨鱼的牙齿与岩层中埋藏的某些化石颇为相似，他由此提出，这些化石是埋藏在岩层中的、许多年前的生物遗骸。一些科学家，如罗伯特 · 虎克也曾得出了相似的结论，但斯丹诺在此基础上更进了一步。他认为许多地层都是沉积运动的产物（物质沉积、固化，最终形成岩石地层），研究埋藏于不同地层中的化石，就能得知地球过去发生的地质事件。这一理论的提出对地质学来说是革命性的，因为他指出山脉是地壳变动的产物，而非人们从前所认为的那样，是如同树木一般从地层中生长出的简单物质。

斯丹诺向前迈进了一大步，但他严重低估了地球地质史的时间尺度。他采纳了根据《圣经》推断出的、当时被人们广泛接受的观点：地球的历史只有 6000 年。

最终，他彻底抛弃了科学，转而皈依宗教。

现代地质学的创立者：詹姆斯·赫顿

18 世纪的地质学家詹姆斯·赫顿取得的最大的成就，就是证明了地球的年龄远超《圣经》学者所称的 6000 岁。他的观点对查尔斯·达尔文提出进化论的形成影响颇深，可是赫顿无法指出地球的确切年龄，因为想得到这个问题的答案，就必须要了解天然放射性同位素的半衰期，但人类当时对放射性一无所知。

18 世纪 80 年代，赫顿将自己的研究成果提交给爱丁堡皇家学会（Royal Society of Edinburgh），最终于 1795 年，也是他去世前两年，出版了《地球论》（*Theory of the Earth*）这部巨作。此前确实存在一些有关地球科学的研究，但很少有人承认地质学是一门独立的学科。

赫顿认为，地球正经历着一次持续性的自我修复进程，并提出了“地质周期”的概念，即陆地遭受侵蚀，侵蚀物沉积在海床上，固化成岩，随着时间的推移慢慢升起，形成新的陆地，并再一次遭受侵蚀。这一进程周而复始，循环往复。

1787 年，赫顿在耶德堡（Jedburgh）的英奇伯尼（Inchbonny）的沉积岩层中发现了上述进程存在的证据，现在这种地层接触关系被称作“赫顿的不整合”（Hutton’s unconformity）。转年，他在苏格兰边境（Scottish Borders）贝里克郡（Berwickshire）的西卡点（Siccar Point）发现了相似的证据。

赫顿对各种成岩进程进行了深入研究，并得出结论：地质周期的进程极为缓慢，且它在过去不知重复了多少次。因为人们尚找不到证据证明这种周期性的进程会在某一天停止，所以他假定这个过程会持续进行。

赫顿认为，在过去极长的时间内，相同的进程一直在进行。它塑造了今日地表的形貌，它永远不会停止，并且一切的地质变化都是由此而来。这种观点被称为“均变论”（uniformitarianism），是地质学的一大基础概念。

詹姆斯·赫顿（1726—1797）

詹姆斯·赫顿的父亲是一名爱丁堡商人，他在赫顿年幼时就去世了。年轻的赫顿在做了一段时间的律师学徒后，决定顺从自己对化学的兴趣，前往爱丁堡大学（University of Edinburgh）攻读医药学，并在法国和荷兰进行相关研究。

然而在一段时间后，他放弃了医药学，回到自家的农场，与一位朋友合作，生产并销售氯化铵。氯化铵是从煤烟尘中提取的，当时流行在烘焙食品中加入氯化铵，使食品的口感更为酥脆。他因此赚了一大笔钱，得以数次前往英国、法国、比利时和荷兰进行地质考察，并在18世纪60年代于爱丁堡定居。当时，苏格兰启蒙运动（Scottish Enlightenment）蓬勃发展，他与经济学家亚当·斯密（Adam Smith，1723—1790）、哲学家戴维·休谟（David Hume，1711—1776）、化学家约瑟夫·布莱克（Joseph Black，1728—1799）以及其未来的传记作者、科学家约翰·普雷菲尔（John Playfair，1748—1819）来往甚密。赫顿、斯密和布莱克共同创立了“生蚝俱乐部”

（Oyster Club），每周举办集会，一同讨论科学问题。赫顿还是爱丁堡皇家学会的创始人之一。

受到所处环境的刺激，以及爱丁堡周围奇特的物理现象的启发，赫顿开始了《地球论》的撰写工作。

气象科学：约翰·道尔顿

18 世纪，人们仍在用老旧的神秘学理论解释天气的变化模式。气象观测者或气象学者往往是这方面的业余爱好者，对与天气有关的科学现象一无所知，更遑论系统性的研究方法。这种状况的改变则要归功于英国化学家、物理学家约翰·道尔顿，他将气象学塑造为一门真正意义上的自然科学。

道尔顿在 21 岁时就开始记录自己观察到的天气现象，并终身保持这一习惯。他比绝大多数的天气观测者在这条道路上走得更远，因为他尝试理解和解释这些变化。

1793 年，他在《气象学观察与评论》（*Meteorological Observations and Essays*）上发表了自己所做的有关风速与气压的记录。他企图通过探讨大气中气体间发生的不同反应来解释某些天气现象。这其中埋藏着原子论的萌芽，道尔顿正是因此被视为化学的先驱之一。

随后，道尔顿研究了大气的成分。他推断，水在蒸发后仍会以气体的状态留在大气层中。在思考空气与水如何在同一空间中共存的谜题时，道尔顿在化学上又有了新突破：提出了原子质量。

道尔顿还无意间成为英格兰西北部湖泊地区的山地专家。当时测量高海拔处气温与气压的唯一方法就是爬上高山，再用气压计进行估测，道尔顿正好精通这一方法。现在有了气象气球、遥控飞行器和飞机，气象学家们就无须翻山越岭了。

探索古生代：罗德里克·英庇·麦奇生（Roderick Impey Murchison）

詹姆斯·赫顿揭示了地球的年龄。数年之后，苏格兰地质学家罗德里克·英庇·麦奇生（1792—1871）不惧风险，多次进行了实地地质考察，并发现了志留系。这位地质学家因他做出的这些贡献而闻名于世。

麦奇生出生于苏格兰高地的一个地主家庭，他的父亲在他

4 岁时离世，之后他们全家搬到了英格兰。年轻的麦奇生进入军校学习，短期参与了半岛战争（Peninsular War），后来与夏洛特·雨果宁（Charlotte Hugonin）结婚。他的妻子一直鼓励他去奋斗自己的事业。

这对夫妇环游了整个欧洲，随后移居伦敦。麦奇生在伦敦参加了皇家研究所组织的多场讲座，结识了许多当时杰出的科学家，如查尔斯·达尔文、查尔斯·莱尔以及亚当·塞奇威克（Adam Sedgwick，1785—1873）。

在此后的 20 年里，麦奇生夫妇基本上每年夏天都会前往英国、法国，以及阿尔卑斯山地区进行地质考察。麦奇生的妻子夏洛特是一位“化石猎人”和“地质艺术家”。

1839 年，麦奇生出版了著作《志留系》（*The Silurian System*），在这本书中，他详细阐述了自己在南威尔士（Wales）对硬砂岩的研究成果。这类岩石位于老红砂岩岩层之下，它的历史可以追溯到古生代早期。

绝大多数的地质学家认为，硬砂岩中基本不会埋藏着化石。但麦奇生认为，这类岩石中可能潜藏着探索地球最原始的生命形态的关键线索。他将这一地层命名为“志留系”（得名于志留人，一支曾居住在威尔士等地的部落），并认定它标志着地球生

	代	纪	百万年前
显生宙	新生代	第四纪	5.3
		第三纪	66.4
	中生代	白垩纪	
		侏罗纪	
		三叠纪	250
	古生代	二叠纪	
		宾夕法尼亚纪（后石炭纪）	320
		密西西比纪（始石炭纪）	
		泥盆纪	419
		志留纪	
		奥陶纪	
		寒武纪	570
前寒武纪			4600

地球于46亿年前形成。

根据化石记录所反映的地球生命演化史中发生的重要变化，

地质学家将这46亿年的历史细分为宙、代与纪。

各地质年代之间的边界则标志着生物大灭绝的时期。

命史上的一段重要时期。

志留纪始于距今 4.44 亿年前。这一时期生活着许多极为特殊的生物种群，无脊椎动物数量极多，脊椎动物与陆生植物数量则极少。

此外，麦奇生还与塞奇威克在英格兰西南部的德文郡（Devon）和德国的莱茵兰（Rhineland）共同发掘了泥盆系。它与志留系相似，也是古生代的地质现象。泥盆纪在志留纪约 2500 万年之后，大致始于距今 4.19 亿年前。泥盆纪也被称作“老红时代”，得名于这一时期常见的老红砂岩；也有人称其为“鱼类时代”，因为根据老红砂岩中的化石可以得知，在泥盆纪的海洋中存活着数千种鱼类。也是在这一时期，鱼类进化出足，开始在陆地上行走，陆地也开始被森林覆盖。

煤炭的发现在公布之初就面临着争议。麦奇生不同意地质学家亨利·德拉贝什（Henry De la Beche，1796—1855）的观点，他认为志留系地层之下不可能存在煤炭，因为志留系下方的地层必定比上方更老，而煤炭则源自较新的地层。事实证明麦奇生是正确的：煤炭并非源自志留系之前，而源自志留系之后的泥盆系。

1840—1841 年，麦奇生在俄罗斯参与了一次著名的勘探活动，随行的学者有爱德华·德·维尔内伊（Édouard de Verneuil，1805—1873）与亚历山大·冯·凯瑟林（Alexander von Keyserling，1815—1891）。在这次勘探中，麦奇生发掘出二叠系。二叠系得名于彼尔姆（Perm）地区的地层 [在乌拉尔（Ural）山脉附近]，二叠纪距今约为 2500 万—2900 万年。

菊石：路易斯·亨顿（Lewis Hunton）

路易斯·亨顿（1814—1838）生于地形崎岖的英格兰东北沿海地区。他为地质学的发展做出了相当大的贡献。他提出，各岩层或地层根据时间顺序排列（地质演替），可以通过判断各地层中化石年代的方式，对各地层进行进一步分类或在各地层间建立联系。这种分析方式现称为“生物地层学”，是现代地质学的基础分析方式之一。

亨顿的父亲曾在洛夫托斯矾厂（Loftus Alum Works）工作。这家工厂的工人从高耸的海崖上采取泥板岩制矾，工厂的产量颇高，生产的矾在纺织业中用于固色、漂染。年轻的亨顿受到所处环境的影响，在伦敦学习地质学和化石动物学，并接触到了许多当时杰出的科学家，其中包括查尔斯·莱尔。

1836 年，亨顿向伦敦地质学公会呈递了他撰写的第一篇论文，为此他走遍了约克郡（Yorkshire）东北部以进行实地考察。他获得了足以证实自己想法的证据：某些种类的化石，尤其是在早侏罗世岩层中极常见的菊石（已灭绝的软体动物的化石），在整块岩壁的纵切面上所占面积极小，有时边长仅有数厘米宽。亨顿由此得出结论："菊石是指示地层分割区域的最为理想的标记，因为在所有里阿斯统（Lias genera）中，它似乎是对外界环境变化适应性最差的生物。"

亨顿还发掘出了一块长达 5 米的侏罗纪海洋爬行动物（鱼龙）的化石，现展于惠特比博物馆（Whitby Museum）。

遗憾的是，亨顿辉煌的科学生涯结束得很早，因为他不幸患上了肺结核，23 岁就去世了。

矿物分类：詹姆斯·德怀特·丹纳（James Dwight Dana）

美国人詹姆斯·德怀特·丹纳既是地质学家，又是矿物学家与动物学家，他在 1838—1842 年的美国南太平洋波利尼西亚海洋探险中扮演着极为重要的角色。在这次于南太平洋进行的地质勘探活动中，他收获了许多有关造山运动、火山岛、珊瑚，以及甲壳纲动物的知识。

他的观察结果证实了查尔斯·达尔文的观点，即环状珊瑚岛是海岛下沉后，珊瑚虫在浅水中生长所形成的产物。他们的观点与其他自然学家相异，其他自然学家认为，珊瑚长在海底的山脉上，由于浮游生物的遗骸日积月累堆积起来，才得以向上生长。这两种不同的说法引发了激烈的学术讨论。直到 1951 年，通过海底勘探得到的证据才证明了丹纳和达尔文提出的理论是正确的。

丹纳出色的勘探报告提高了美国在科学界的地位，经勘探所得的样本与收藏品则成为美国第一个国家博物馆的藏品。

丹纳做出的最大贡献还是他建立的一套矿物分类体系。他建立的分类方法与瑞典植物学家卡尔 · 林奈对植物与动物进行分类的方法颇为相似，即根据矿物的种、属进行分类。丹纳在此基础上设计了一套全新的矿物分类标准：先根据矿物的化学成分进行分类，例如硅酸盐、硫酸盐和氧化物等，再根据矿物结构继续分类。丹纳建立的分类标准分为 4 层：类，主要依据化学成分分类；族，主要依据原子特征分类；组，主要依据矿物结构分类；最后则分为具体的矿物类型。

丹纳建立的分类体系大大推动了矿物学的进步，时至今日，这套体系已被广泛接受。它具有极佳的延展性，可以方便地将新发现的矿物不断纳入其中，只需把新矿物放进相应的类和族里即可。

詹姆斯·德怀特·丹纳（1813—1895）

1830年，詹姆斯·德怀特·丹纳进入了耶鲁学院（Yale College，现在的耶鲁大学）学习，当时著名的矿物学家本杰明·西利曼（Benjamin Silliman，1779—1864），是《美国科学期刊》（*American Journal of Science*）的创刊者，也任教于此。此后不久，丹纳就迎娶了西利曼的女儿汉丽埃塔（Henrietta）。

毕业之后，丹纳的第一份工作是在美国海军驶往地中海的一艘舰艇上教授数学。他在船上目睹了维苏威火山（Mount Vesuvius）的喷发，此后，每当他在南太平洋看到火山喷发时，总是不禁将眼前的景象与维苏威火山喷发的场景相对比。

1836年，丹纳以西利曼助手的身份回到了耶鲁，他以《一种矿物学体系》（*A System of Mineralogy*）为题发表了自己建立的矿物分类法，这时他年仅24岁。两年后，他参加了美国南太平洋波利尼西亚海洋探险。此后，他花费了10年的时间记录并归纳自己的成果，最终在1848年出版了《矿物学手册》（*Manual of Mineralogy*），这是一本对今天的地质学家而言仍然相当重要的参考手册。

丹纳虔诚地信仰宗教，因此，他起初抵制达尔文提出的进化论，但最终还是接受了它，认为它也是神圣意志的体现。

地貌的形成：威廉·莫里斯·戴维斯（William Morris Davis）

地貌学，或是对地表形态的研究，起源于美国地理学家、地质学家与气象学家威廉·莫里斯·戴维斯（1850—1934）。

戴维斯出生于费城的一个贵格会（Quaker）信徒家庭，1870年从哈佛大学毕业，并取得了工程学硕士学位。此时，人类对地貌与特殊地表形态的形成机理并不了解，戴维斯凭借自己提出的“侵蚀循环”理论改变了这一现状，并通过研究与演说使地理学成为一门独立学科。

在戴维斯提出他的理论之前，科学家认为地表形态完全由其结构决定，或是由《圣经》中提到的大洪水所塑造。戴维斯深受达尔文进化论的影响，提出了一套与达尔文提出的理论略为相似的地貌演化论。1889年，他在《国家地理》（*National*

幼年期：年轻的平原被深深的“V”字形深谷分割。

壮年期：山坡高耸，地势起伏明显，出现洪泛区。

老年期：因侵蚀现象形成宽谷，残余的丘陵受侵蚀形成平原。

威廉 · 莫里斯 · 戴维斯提出的地貌侵蚀周期中的各个阶段。

Geographic）上发表了一篇题为《宾夕法尼亚州的河流与河谷》（*The Rivers and Valleys of Pennsylvania*）的文章。在这篇文章中他提到，地貌的形成要经过一段漫长的周期性过程：起初，隆起的陆地形成山脉。之后，山脉随时间的流逝逐渐风化，形成“V”字形山谷。地貌继续演化，山谷变宽，形成平缓的丘陵。

戴维斯在地貌演化论中提出3个变量：结构（岩层形状及抗侵蚀、风化的能力）、过程（如风化、侵蚀与流水堆积）以及阶段（幼年期、壮年期与老年期）。地貌演化的阶段则表明了侵蚀过程持续的时间。

从今天的角度来看，虽然戴维斯提出的地貌演化论过于简化，但它开启了人类对地貌理解的新纪元。

女性地质学家的先驱：弗洛伦斯·巴斯科姆（Florence Bascom）

作为美国第一位专业的女地质学家，弗洛伦斯·巴斯科姆是女性于科学与学术领域真正的先驱。她取得了两大主要成就：一是成为美国宾夕法尼亚州皮德蒙特（Piedmont）地区结晶岩层领域的专家；二是开辟了一个属于女地质学家的全新时代，激励更多女性学者向她学习，追随她的脚步开展研究工作。

弗洛伦斯·巴斯科姆是幸运的，她的父母都支持女性平权运动。她于 1887 年在威斯康星大学（University of Wisconsin）取得了地质学硕士学位，却在这时受到一位反对男女同校的教授的影响，从而离开了该大学。不过，在当时的美国，女性能够把握的机遇越来越多。因此，她很快就前往马里兰州（Maryland）巴尔的摩（Baltimore）的约翰斯·霍普金斯大学（Johns Hopkins University）攻读岩石学，这是一门研究现今的岩石如何形成的学科。

1896 年，巴斯科姆获得了美国地质研究所（United States Geological Survey）地质学助理的职位，成为首位获得这一职位的女性。她被派往位于宾夕法尼亚州、马里兰州、特拉华州和新泽西州一带的中大西洋皮德蒙特地区，成为这些地区的岩石学专家。夏天，她绘制岩层图、制作岩石薄片；冬天，她用显微镜分析样本。她对当地高度变质的复杂结晶岩石有了深刻的了解，她的研究成果多次刊登在美国地质研究所出版的刊物上。1909 年，她晋升为美国地质研究所的全职地质学者。

她取得的成果使她赢得了全世界的认可与尊重，她绘制的岩层图也成为未来许多研究的基石。

弗洛伦斯·巴斯科姆（1862—1945）

弗洛伦斯·巴斯科姆为女性研究地质学和接受高等教育铺平了道路。1898 年,她前往宾夕法尼亚州的布林莫尔学院（Bryn Mawr College）担任助教，并于 1906 年晋升为全职教授，提高了这所学校在国际上的声望。她教导了整整一代的年轻女地质学家，其中 3 人追随她的脚步，就职于美国地质研究所。

巴斯科姆在人生道路中遍尝辛酸。她在约翰斯·霍普金斯大学攻读博士学位时，必须坐在屏幕后面，以免男学生知道他们在和女人一同上课。甚至她在毕业时获得的学位也是“特别授予”的。直到 1907 年，约翰斯·霍普金斯大学才允许女性入学。

但巴斯科姆确实获得了一项优待：她并非通过常规途径入学，所以无须支付学费，只需支付实验室使用费用即可。

大陆漂移：阿尔弗雷德·魏格纳（Alfred Wegener）

德国地理学家、气象学家阿尔弗雷德·魏格纳提出了大陆漂移理论，这使他远远走在了同时代的其他学者之前。

魏格纳最初的研究领域是天文学，但从1906年起，在参加了数次于格陵兰岛（Greenland）进行的勘探活动后，他转而研究起气象学，并对古气象学产生了愈发浓厚的兴趣。1910年，他首次提出大陆漂移理论。当时他注意到，大西洋两岸的海岸线轮廓颇为契合，南美洲与非洲尤为明显。于是，他提出，地球原先只有一块“巨型大陆”，即所谓的盘古大陆（Pangaea），此后，在距今约2500万年前的晚古生代时期，这块大陆分裂成了数块。随着时间的流逝，各大陆板块慢慢四散漂离，该过程即“大陆漂移”。

此前也有科学家怀疑美洲大陆与非洲大陆曾经是一体的，但他们认为，巨型大陆部分沉没，形成了大西洋与印度洋。南美洲和非洲大陆上还存在着许多相似的化石与动植物，另一种理论则将这一现象解释为，过去曾有一座陆桥连接着南美洲与非洲。

魏格纳提出的大陆漂移理论为各大洲轮廓的契合性与生物的相似性做出了令人满意的解释，但这一理论也引发了颇多争议，因为他无法查明大陆漂移现象的成因。因此，在1928年的地质学国际会议上，这一理论在正式投票中遭到否决，从此不再受到人们的重视。直到20世纪50年代，古地磁学（研究地磁场演变的学科）横空出世，板块构造学说得到进一步发展，魏格纳提出的理论才得到了证实：各块大陆确实发生过移动。

阿尔弗雷德·魏格纳（1880—1930）

阿尔弗雷德·魏格纳出生于柏林，于1905年在当地获得了博士学位，并在柏林附近的普鲁士皇家航空天文台（Royal Prussian Aeronautical Observatory）工作。在那里，他第一次用风筝和气球对上层大气进行了研究。此后第二年，他与他的兄弟库特（Kurt）乘坐热气球滞空52小时，打破了世界纪录，并赢得了一场国际热气球比赛的冠军。

在前往格陵兰岛考察时，魏格纳又一次利用热气球对气候进行研究。第一次世界大战期间，他参军入伍，担任初级军官，但因负伤了两次，大部分时间都在疗养。之后，他在马尔堡（Marburg）和汉堡（Hamburg）教授气象学，并于1924年成为